곤충박사와 함께 떠나는

기후변화 나비여행

송국 지음

곤충박사와 함께 떠나는

기후변화 나비여행

ⓒ 송국 2022

초판 1쇄   2022년 4월 26일

지은이   송국

출판책임	박성규	펴낸이	이정원
디자인진행	김정호·고유단	펴낸곳	도서출판 들녘
편집	이동하·이수연·김혜민	등록일자	1987년 12월 12일
마케팅	전병우	등록번호	10-156
경영지원	김은주·나수정	주소	경기도 파주시 회동길 198
제작관리	구법모	전화	031-955-7374 (대표)
물류관리	엄철용		031-955-7389 (편집)
		팩스	031-955-7393
		이메일	dulnyouk@dulnyouk.co.kr
		홈페이지	www.dulnyouk.co.kr

ISBN   979-11-5925-727-8(43490)

인문
교양
039

곤충박사와 함께 떠나는

기후변화 나비여행

송국 지음

푸른들녘

추천의 글

전 환경부 장관 이만의

저자는 곤충학자로서 「기후변화 지표나비」가 지구상에 출현하여 어떻게 지질시대의 혹독한 기후변화를 견뎌내고 살아왔으며, 왜 이 나비들이 기후변화 지표생물로 지정되었으며, 고난의 기후변화 여행을 떠나야 했는지, 앞으로 이들의 운명은 어떻게 될 것이며, 우리는 이 친구들과 어떤 공동 운명체인지, 진화와 기후, 환경, 생태적인 다양한 관점에서 탐구적으로 알기 쉽게 이야기를 전달하는 탁월한 식견을 가지고 있다.

환경부 지정 '기후변화 지표나비'는 지구 온난화에 의해 한반도에서 점점 북쪽으로 분포를 확대해가는 기후환경생태계 변화의 바로미터로 문헌 사료와 현장조사 연구를 바탕으로 실증적으로 접근하고 있다.

특히 초중고등학교 학생들이 읽고 이해하기 쉽도록 쉬운 용어 사용과 간결한 필치로 현장에서 찍은 생생한 사진들을 유효적절하게 활용하여 신비스러운 생태이야기를 전개해 나간다. 또한 기후변화 지표나비의 출현 날짜와 서식 장소, 먹이식물, 이동경로 등을 명기하여 과학적이고 탐구적인 접근을 어떻게 해야 하는지 좌표를 제시하고 있어 학교 현장에서 교육도서로 활용해도 손색이 없다. 이 책이 신문 칼럼에 연재될 때 이미 일부 중학교에서 교육 부교재로 사용하고 있음이 확인됐을 정도로 유익한 교육교재가 되리라 확신한다.

기후변화 지표나비들처럼 기후변화에 어떻게 슬기롭게 대응해야 하는지, 이 시대를 살아가는 우리는 왜 이 책을 꼭 읽어야 하는지, 명쾌한 해법을 제시해주고 있다.

전 농림축산식품부 장관 이개호

'기후변화' 하면 다소 무겁고 뜬구름같은 딴 세상 이야기처럼 얼른 피부에 와 닿지 않아 정부간 협의체나 기후변화협약 등을 통해 해결하는 문제쯤으로 생각할 수 있다.

하지만 이 책에서는 주인공인 아름다운 나비들이 기후변화에 슬기롭게 대응하며, 누구나 쉽게 이해할 수 있도록 흥미로운 기후변화 나비여행기를 사이다로 쏟아내는 기발한 발상이 돋보인다.

농촌진흥청 지정 기후변화 지표나비는 계절에 따른 발생횟수와 출현시기, 군집변화, 분포변화 등이 달라질 것으로 예상되어 미래 농업생태계의 좌표를 맛깔스러운 필치로 제시하고 있다.

특히 실체현미경으로 확대한 나비 날개의 환상적인 추상화에서 기후, 생태, 환경 이미지를 찾아내어 독자에게 잠재된 상상력을 일깨우는 소중한 기회를 제공하는 등 이제까지 아무도 다루지 않았던 미시세계를 탐구하는 독창성이 엿보인다.

각각의 기후변화 지표나비 생태 중에서 '작지만 아름다운 실천'을 제시하여 기후문제가 멀리 있지 않고 우리 주변에서 얼마든지 손쉽게 다가갈 수 있다는 구성 또한 이 책만의 장점이다.

지구상의 생물들이 살아가는 데 가장 큰 이슈로 등장한 것이 기후변화입니다. 여기엔 수많은 원인이 있지만, 생물 종들 가운데 유일하게 지구를 힘들게 하는 단 한 종인 인간이 만들어낸 지구온난화의 책임이 가장 큽니다.

지구온난화의 속도가 빨라지면서 기후변화 때문에 발생하는 문제들이 더욱더 다양해졌습니다. 기온 상승, 강수량 변화, 계절 변화 같은 요인들이 생태계에 큰 영향을 미치고 있는데요. 곤충 중에서 특히 나비들은 지구상에서 살아가는 생물들 가운데 기후생태 환경변화를 가장 민감하게 느끼는 종입니다.

태양계 내에서 유일하게 나비와 인간이 더불어 살아가고 있는 지구에서 나비는 인간에게 절대적으로 필요합니다. 하지만 나비에겐 인간이 필요 없어요. 아니, 지구상에서 온갖 나쁜 짓을 저지르는 가장 해로운 생명체가 바로 인간이니 사라져야 할 존재일지도 모릅니다.

나비들은 기후변화를 비켜 가지 않아요. 따뜻한 바람을 따라 앞만 보고 날아가는 질주 본능이 있기 때문입니다. 남방계의 나비들은 제주도에서 남해안을 지나 북쪽으로 서식처를 빠르게 확대하는 중이고, 북방계의 나비들은 기존의 서식처에서 점점 북상하는 탓에 종이 사라지고 있는 상황입니다.

필자는 환경부 국립생물자원관에서 2017년 12월에 선정한 「국가 기후변화 생물지표종」 100종과 30후보 종 가운데 7종의 나비만을 선정하여 각 나비가 기후변화에 어떻게 민감하게 반응하고 대응하는지를 연구했습니다. 온난화의 기후앞잡이 남방노랑나비, 은빛 날개를 뿜내는 뾰족부전나비, 묵향 따라 천 리 길을 가는 먹그림나비, 독수리처럼 월북하는 푸른큰수리팔랑나비 등은 이름만 들어도 사연이 깊은 나비들로 기후변화에 몸살을 앓고 있는 불쌍한 친구들입니다. 또한 제비처럼 봄바람을 몰고 오는 무늬박이제비나비, 파도치는 바다를 건너오는 물결부전나비, 제주도에서 육지로 상륙작전을 시도하는 소철꼬리부전나비 등은 바다를 건너 육지로 올라오느라 기후와 혹독한 밀당을 하고 있습니다.

환경부 지정 나비들은 지구온난화에 의해 난대지역의 제주도에서 온·난대지역의 남부지방, 온대지역인 중부지방까지 올라와 점점 북쪽으로 분포를 확대해가는 기후환경의 지표자입니다. 그만큼 국가적으로도 중요한 나비들이죠.

또한 농촌진흥청 국립농업과학원에서 2017년 10월에 선정 발표한 「기후변화 지표생물」 30종 가운데 4종의 나비가 있어요. 환경부와 중복으로 지정된 남방노랑나비, 농업생태계의 바로미터인 배추흰나비, 농사철 기상 예보관 호랑나비, 농번기의 사랑둥이 노랑나비 등 농민들의 고된 일터의 현장에서 동행하며 아름다운 춤으로 힘겨움을 달래주는 고맙고 안쓰러운 친구들인데요. 농촌진흥청 지정 나비들은 지역 농경지 주변에서 쉽게 관찰할 수 있는 종으로서 나비들의 생활사와 세대수 변화 등 자료를 통해 농업생태계의 기준이 되는 중요한 나비들입니다.

이들 10종의 기후변화 지표나비들은 무거운 배낭을 짊어지고 뜨거운 대지 위를 여행해야 하는 가혹한 운명에 처했는데요. 이 책은 그 이야기를 다룹니다. 이야기를 풀어가는 방식을 말씀드릴게요. 먼저 '에코 속보'로 각 지표나비가 나타난 시기와 위치, 이동 현황 등 기후변화에 대응하는 모습을 현장감 있게 살핍니다. 다음으로 각 지표나비의 생태를 함께 탐구해봅니다. 언제 지구상에 처음 출현했으며, 현재는 어디에서 살다가 어디로 이동하고 있는지, 생태 특징은 무엇인지, 왜 기후변화 지표종이 되었는지, 기후위기 때문에 어떤 고난을 겪고 있는지 따라가 보는 것이지요. 더불어 지표나비를 통하여 '작지만 아름다운 실천'을 한 가지씩 제공하여 환경문제가 멀리 있지 않고 우리 주변에서 얼마든지 손쉽게 다가갈 수 있다는 걸 보여줍니다.

그다음, 지표나비를 실체현미경으로 확대한 사진을 통해 기후생태환경 이야기를 나누어봅니다. 나비에 빨간 동그라미로 표시한 부분을 실체현미경으로 보면 어마어마하게 아름다운 환상적인 모습의 추상화가 나오는데요, 그 이미지를 가지고 지구의 기후생태환경과 연결하여 이야기를 풀어나가는 것입니다. 저에게는 매우 흥미로운 시도였는데,

독자 여러분에게도 여태까지 경험하지 못했던 미시세계를 탐험하는 선발대원이 될 것입니다. 이 작업이 모쪼록 이 책과 함께 기후변화 여행을 동행하며 잠재된 상상력을 일깨우는 소중한 기회가 되었으면 좋겠습니다.

이제 우리가 기후변화 나비여행에 동참하여 한반도에서 나비들과 더불어 살아가는 아름다운 모습을 보여줄 때가 되었습니다. 여행을 안내하는 이 책에는 기후변화 지표나비들처럼 우리가 기후변화에 어떻게 슬기롭게 대응해야 하는지, 이 시대를 살아가는 우리가 왜 이 책을 꼭 읽어야 하는지, 명쾌한 해법이 들어 있답니다. 이제, 저와 함께 나비 따라 기후 따라 흥미진진한 탐구 여행을 떠나볼까요?

2022년 4월

호남기후변화체험관에서

송 국

차례

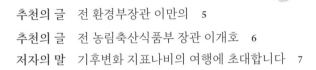

농번기의 사랑둥이, 노랑나비

나비목(目) 날개, 알, 애벌레, 성충 부위별 명칭

| 그림1 **나비 날개의 부위별 명칭**

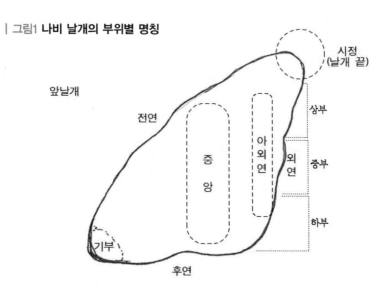

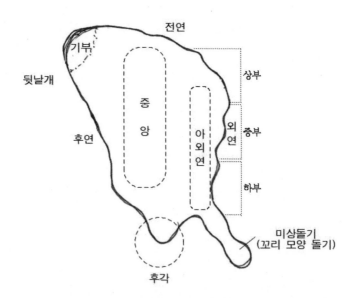

| 그림2 **나비 알, 애벌레, 번데기, 성충 부위별 명칭**

| 알 |

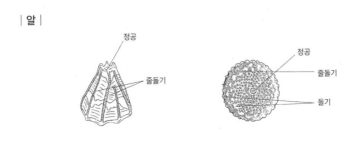

| 애벌레 |

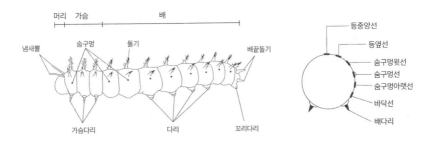

| 번데기 |

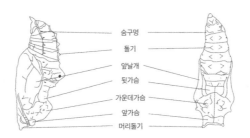

| 그림3 **나비 성충의 부위별 명칭**

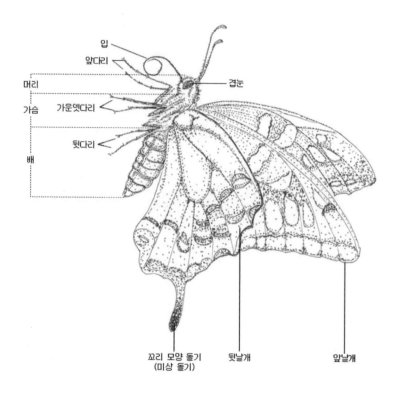

입
앞다리
머리
가슴
겹눈
가운뎃다리
배
뒷다리
꼬리 모양 돌기
(미상 돌기)
뒷날개
앞날개

프롤로그_기후변화와 나비

기후변화는 왜 일어날까

2020년 8월 8일 새벽, 담양에 폭우가 내려 대홍수가 일어났습니다. 메타세쿼이아길 옆 기후변화체험관과 개구리생태관이 침수되고 담양읍은 물바다가 되었어요. 급기야 정부에서는 군민의 고통을 함께 나누고, 수해복구에 박차를 가하기 위해 담양을 특별재난지역으로 선포한다고 발표했습니다. 처음 경험하는 이 같은 비상사태는 날씨 때문일까요, 기후 탓일까요, 산신령이 화가 나 조화를 부린 것일까요?

기후 재앙의 원인으로 날씨나 기후에 의한 홍수, 가뭄, 태풍 등과 신들의 조화를 떠올리는 사람도 많지만 가장 큰 원인은 따로 있습니다. 지구상에서 살아가는 수많은 생물 종들 가운데 유일하게 지구를 힘들게 하는 단 한 종, 바로 인간이 만든 기후변화죠.

먼저 날씨와 기후는 어떻게 다른지, 오늘날 일상어가 되어버린 기변화의 정의는 무엇인지 알아봅시다.

'날씨'는 하루나 이틀 동안의 짧은 기간에 시시각각으로 변화하는 기온, 바람, 비, 눈 등의 기상현상을 말합니다. 반면 '기후'는 일정한 지역에서 30년 이상 오랜 기간에 걸쳐 나타나는 평균적인 기상현상을 뜻해요. '기후변화'는 인간에 의한 온실가스 증가 등 인위적인 요인과 태양에너지와 화산폭발 등 자연적인 요인에 의하여 기상현상이 수십 년에 걸쳐 평균 상태에서 벗어나는 것을 일컫습니다.

지구의 기후변화에 영향을 미치는 요인을 크게 두 가지로 나누어보면 다음과 같습니다.

자연적 요인: 태양계 내 지구의 생성, 성장, 소멸 과정에서 안팎으로 자연스럽게 발생하는 불가피한 자극들입니다. 태양에 있는 흑점 수가 달라져서 일어나는 태양에너지의 변화, 지진과 화산폭발로 발생한 가스와 미세먼지의 확산으로 일어나는 기상이변, 지구의 불규칙적인 자전과 공전으로 발생하는 기후변화 등이 예입니다.

인위적 요인: 지구상의 생물 중에서 단연 가장 몹쓸 짓을 많이 하는 인간의 활동들입니다. 화석연료를 무분별하게 사용해서 이산화탄소 같은 온실가스 때문에 지구에 온난화를 가져왔는가 하면, 에어로졸에 의한 태양에너지가 증가했습니다. 아마존 같은 삼림을 파괴해서 생태계를 무너뜨렸고, 산과 들을 갈아엎어 아파트를 세우고 있습니다. 생산량을 늘린다면서 비료와 농약을 많이 쓰거나 가축이 자라는 환경을 건강하게 돌보지 않는 행동들이 여기 포함됩니다.

우주 내에서 지구는 태양계와 맞물려 태양계의 한 축을 이루고 있습니다. 숙명적으로 기후변화를 피할 방법은 없습니다. 하지만 인간 활동에 의한 기후변화에는 얼마든지 대응할 수 있습니다. 우리 모두의 실천을 통해서요.

기후변화 대응은 우리 일상생활에서 가장 시급하게 해결해야 할 과제입니다. 늦으면 늦을수록 기후변화에 적응하지 못한 곳곳의 생물들은 국지적으로 절멸하게 됩니다. 그러다 보면 결국 지구에서 살아가는 생물들은 대량으로 멸종하게 되어 생태계의 평형이 깨지고 인간을 비롯한 모든 생명체가 고통 속에 살아갈 것입니다.

세월 따라, 기후 따라, 날개 따라

지구는 46억 년 전에 탄생했습니다. 그 후 태양계 안에서 태양과 행성들이 만들어지는 과정에서 지구 자체도 몇 번의 기후변화를 거치며 오늘날에 이르렀습니다. 약 35억 년 전 선캄브리아시대에 생명체가 나타났고, 이후로 다섯 번의 대멸종*과 수많은 시련을 거듭하며 대(Era 代)⇨기(Period 紀)⇨세(Epoch 世)를 거쳐 현재의 모습을 갖춘 거예요.

18세기 중반 영국에서 산업혁명이 시작되기 전만 해도 지구 전체의 평균기온은 13.5℃ 정도였습니다. 하지만 급격한 산업화와 도시화 때문에 지난 100년 동안 전 세계의 평균기온은 약 1℃ 상승했어요. 화석연료인 석탄과 석유를 공장에서 과다하게 사용했기 때문입니다. 또한 인구의 도시 집중화로 각 가정의 냉난방 시설과 자동차에서 나오는 매

연 등 오염물질이 지구온난화를 부추겼습니다. 우리나라의 평균기온
도 무려 1.5℃ 정도 올라갔답니다.

* 1차 대멸종 – 86%, 오르도비스기 말(445백만 년 전), 빙하기 도래,
    화산폭발 원인
* 2차 대멸종 – 75%, 데본기 후기(370백만 년 전), 빙하기 도래, 운석
    충돌 원인
* 3차 대멸종 – 96%, 페름기 말(252백만 년 전), 온난화, 운석 충돌,
    화산폭발 원인
* 4차 대멸종 – 80%, 트라이아스기 말(210백만 년 전), 토지 사막화,
    화산 대폭발 원인
* 5차 대멸종 – 76%, 백악기 말(66백만 년 전), 운석 충돌, 화산 대폭
    발 원인
* 6차 대멸종 예상 – 70%, 인류세(100만 년 전부터 현재) 인류의 환
    경파괴 원인

기후온난화는 특히 생태계에 심각한 영향을 미쳤는데요. 생물학자
들은 이와 같은 추세가 지속된다면 2050년 이후에는 약 30%의 종이
멸종위기에 처할 것으로 예측합니다. 특히 곤충 중에서 나비목(目)은
지구상의 생물 가운데 기후변화에 아주 민감한 분류군입니다. 물속이
나 육지에 사는 생물들과 달리 빠른 이동 수단인 날개가 있어 주변 환
경변화에 신속하게 대응합니다. 심지어 무늬박이제비나비나 소철꼬리
부전나비 등 동남아시아의 남방계 나비들은 기후 따라 수천 킬로미터
의 바다를 날아와 서식처를 옮기고 있습니다.

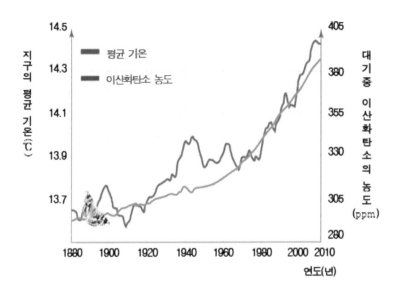

| 이산화탄소 농도와 지구의 평균기온

　나비에겐 따뜻한 바람을 따라 앞만 보고 날아가는 질주 본능이 있습니다. 그래서 전 지구적으로 보면 다들 위도가 높은 북극과 남극으로 이동하고 있습니다. 우리나라에서도 남방계의 나비들은 제주도에서 남해안을 지나 북쪽으로 서식처를 빠르게 확대하고 있습니다. 반면에 북방계의 나비들은 기존의 서식처에서 점점 북상하여 종이 사라지는 추세죠. 점점 더 뜨거워지는 대지 위를 무거운 배낭을 짊어진 채 어쩔 수 없이 여행해야 하는 슬픈 운명입니다. 현재 진행형의 기후변화 여행에 억지로 동참했다고 할까요? 눈물겨운 기후변화 나비효과(Butterfly Effect)* 체험 여행을 하는 셈입니다.

* 나비효과: 로렌츠(Edward Norton Lorenz)가 1961년에 기상관측 모델 연구를 하면서 발표한 이론으로 "작은 효과가 큰 결과를 가져올 수 있다(The Butterfly Effect is the idea that small effect could have large consequences.)"는 개념이다. 이 이론은 기상 과학뿐만 아니라 인문사회 등 사회 전반에 걸쳐 적용되고 있다.

기후환경의 바로미터, 기후변화 지표나비들

2017년 12월, 환경부 국립생물자원관에서는 기후변화에 따른 한반도의 생물다양성을 연구할 수 있도록 「국가 기후변화 생물지표종」 100종과 30후보 종을 발표하였습니다. 이 가운데 곤충지표종 15종과 5종의 후보 종 등 모두 합쳐 20종이 포함되었는데요. 특히 기후변화에 민감한 곤충은 과학적인 추적 관리가 필요하므로 기후변화 지표곤충에 지속적으로 관심을 기울이며 관리해야 합니다.

농촌진흥청 농업과학원도 기후변화로 인한 농업 부문의 영향을 효과적으로 감시하고 예측하기 위하여 우리나라 농경지와 그 주변에 서식하는 생물을 대상으로 현장 조사와 전문가 의견을 수렴해 「기후변화 지표생물 30종」을 2017년 10월에 발표했습니다. 농업생태계는 작물뿐만 아니라 다양한 생물과 환경에 영향을 미치는 요소들이 얽히고설킨 복합적인 관계 아래 놓이게 마련입니다. 따라서 기후 영향을 빠르고 종합적으로 평가하려면 지표생물을 이용하는 것이 가장 효과적이죠.

필자는 환경부에서 지정한 「국가 기후변화 생물지표종」 가운데 7종의 나비와 농촌진흥청에서 지정한 「기후변화 지표생물」 가운데 나비 4종을 골라 각 나비가 기후변화에 민감하게 반응하고 대응하는 모습들을 보여드리려고 합니다. 그 주인공은 온난화의 기후앞잡이 남방노랑나비, 묵향 따라 천 리 길을 가는 먹그림나비, 독수리처럼 월북하는 푸른큰수리팔랑나비, 은빛 날개를 뽐내는 뾰족부전나비, 제비처럼 봄바람을 몰고 오는 무늬박이제비나비, 파도치는 바다를 건너오는 물결부전나비, 상륙작전을 시도하는 소철꼬리부전나비, 환경부와 중복으로 지정된 남방노랑나비, 농사철 기상 예보관 호랑나비, 농업 생태계의 바로미터인 배추흰나비, 농번기의 사랑둥이 노랑나비입니다.

이제부터 저는 「기후변화 지표나비」 10종이 지구상에 출현하여 지질시대의 혹독한 기후변화를 견뎌내고 진화해온 눈물겨운 이야기들을 전해드리려고 합니다. 왜 이 나비들이 기후변화 지표생물로 지정되었으며, 고난의 기후변화 여행을 떠나야 했는지, 앞으로 이들의 운명은 어떻게 될 것인지, 우리가 이 친구들을 위하여 할 수 있는 작지만 아름다운 실천엔 어떤 것들이 있는지 지표를 제시하고 싶습니다.

독자 여러분은 또한 이 여행에서 확실한 필살기 없이 진화를 거듭해온 나비들이 천적에게 잡아먹히지 않기 위하여 펼치는 날개의 색상변화, 위장 전술, 방어 메커니즘, 의태의 마술, 은밀한 생존전략, 민감한 날씨 감지 등 아름답고 신비로운 이야기를 만날 수 있습니다.

온난화의 기후앞잡이

남방노랑나비

남방노랑나비의 생태

에코 속보

노란 꽃나비가 서울 시내 한복판에 나타났다. 최근 기후 온난화의 영향으로 한반도 동서 해안을 따라 경기도 서해안과 강원도 동해안까지 올라오고 있다. 노란 리본 물결을 이루며 낮게 무리를 지어 춤을 추며 날아다닌다. 80여 년 전만 해도 제주도와 호남, 영남의 중남부에만 살았던 남방노랑나비가 이제 서울에 등장한 것이다.

-〈기후여행신문〉, 2021년 8월 30일, 송국 기자-

지구와 밀당하는 나비

남방노랑나비$_{Eurema\ mandarina}$는 신생대 제3기 팔레오기*의 전기에 출현하였습니다. 지금으로부터 약 6천만여 년 전부터 빙하기와 간빙기*의 혹독한 추위와 더위를 이겨내고 기후환경 변화에 적응하며 진화해온 종이죠. 신생대 제4기 빙하기에는 해수면이 내려가서 현재의 인도, 오스트레일리아, 아시아 대륙이 연결되었던 적이 있습니다. 이때 남방노랑나비는 그 드넓은 공간을 한 대륙처럼 오가며 살았습니다. 그러던 중 간빙기에 해수면이 상승하면서 각 대륙으로 나누어지자 고립된 것입니다. 오랫동안 격리된 생활을 하면서 남방노랑나비들은 그곳의 자연환경에 잘 적응하여 각기 오늘날의 아종亞種*으로 종 분화를 일으키며 진화해왔습니다.

* 팔레오기: 신생대를 3개의 기(紀)로 구분했을 때 가장 오래된 시기이다. 팔레오세, 에오세, 올리고세를 합한 것으로 이 시기에 포유류가 대형화한 것을 볼 수 있다.
* 간빙기: 빙하시대에 빙기와 다음 빙기 사이에 있는 기간으로, 전후의 빙기에 비해 따뜻한 시기가 비교적 오래 계속되던 시기이다.
* 아종: 종(種)을 다시 세분한 생물 분류 체계로 종 바로 아래 단위이다. 생물 분류체계는 린네가 제시한 계(kingdom)-문(phylum)-강(class)-목(order)-과(family)-속(genus)-종(species)의 단계가 기본이다. 하지만 상황에 따라 역〉계〉아계〉문〉아문〉하문〉상강〉강〉아강〉하강〉상목〉목〉아목〉하목〉상과〉과〉아과〉속〉아속〉종〉아종〉변종〉아변종〉품종〉아품종 등으로 세분하여 사용하기도 한다.

지금은 바다로 분리되어 서로 격리되었지만, 당시에는 지리적으로 같은 땅덩어리의 육지로 서로 연결되어 있었고, 비슷한 기후대에 걸쳐 있었기에 나비들이 자유롭게 이동했을 것입니다. 그 증거로 현재 남방노랑나비는 한국, 일본, 중국, 대만(구북구)은 물론이고 동남아시아, 인도, 파키스탄(동양구)과 오스트레일리아(오스트레일리아구)까지 3개의 곤충 분포구에 널리 서식하게 되었습니다.

| 세계 곤충 분포구. 세계의 곤충은 분포학적인 면에서 오스트레일리아구(Australian), 동양구(Oriental), 구북구(Paleoarctic), 신북구(Nearctic), 신열대구(Neotropical), 에티오피아구(Ethiopian)의 6개 구로 구분된다.

이 나비는 날개를 편 길이*가 3~4.5cm로 새끼손가락 두 마디 크기인데요. 흰나비과(科) 중에서 가장 작은 날개를 가졌습니다. 날개가 작아서 상대적으로 빨리 날지 못합니다. 속력이 느리다는 것은 생존하는데 치명적인 약점이에요. 그래서 우리나라 노랑나비들 중에는 아주 샛노란 색으로 치장하여 일시적으로나마 천적에 대항하는 것도 있습니다. 노랑은 사람뿐만 아니라 대부분의 동물에게도 안전에 대해 주의를 주는 경계색입니다.

* 나비 날개의 길이 : 앞날개를 펼쳐 좌우 날개의
  끝에서 끝까지 잰 길이를 말한다.

다음 사진을 보세요. 이 친구는 노란색 바탕에 날개 외부만 검정으로 테를 둘러 안쪽의 노랑 바탕이 더욱더 선명하게 도드라져 보입니다. 멀리서도 눈에 확 띄게 진화해온 거예요. 노랑 자체만으로도 잘 보이는데 노랑과 검정의 배색으로 명시성이 높아지니 천적의 눈에도 잘 띄겠지요? 보호색으로 위장하여 자신이 잘 보이지 않게 하는 방식보다 오히려 '나에게 다가오면 위험하다'고 겁을 주는 모습으로 진화한 것입니다.

만약 명도가 가장 높은 강렬한 노란색으로도 겁을 먹지 않는 배고픈 새가 쫓아오면 어떻게 대항할까요? 이 녀석은 항상 평지나 숲 주변의 길가에 살며 높이 날지 않고 지면 가까운 곳에서만 어슬렁거립니다. 생명에 위협을 느끼는 위급한 상황이 발생하면 일직선으로 날지 않고 상하좌우로 짧은 거리를 지그재그로 날갯짓하며 풀숲 덤불 사이로 들어가 숨어버리는 전법을 펼칩니다. 마치 쫓기는 산토끼가 지그재그로 이리 뛰고 저리 뛰며 천적으로부터 도망가듯이 말이에요.

| 남방노랑나비 여름형(정읍 월령습지, 2019.8.1.), 가을형(담양 호남기후변화체험관, 2015.8.14.)

| 남방노랑나비(담양 가마골생태공원, 2020.8.28.)

　　남방노랑나비는 온난대성 남방계 나비입니다. 이 나비의 이름은 우리나라 대부분의 나비처럼 나비학자 석주명* 선생이 지었어요. 『조선 나비 이름의 유래기』에 '남조선에는 많으나 북행(北行)할수록 적어지고 경성(京城) 이북에서는 보기가 어렵게 되니 이 이름이 유래되었다.'고 기록되어 있는 걸 보면 '노랑나비' 앞에 왜 '남방'이 붙었는지 이해할 수 있을 겁니다. 선생이 1938년부터 1950년까지 작성한 유고집 『한국산 접류 분포도』를 보면 이 나비는 제주도와 호남, 영남의 중남부에만 서식하고 있었음을 알 수 있어요. 하지만 최근 기후 온난화의 영향으로 한반도 동서 해안을 따라 경기도 서해안과 강원도 동해안까지 북상하며 서식지를 확장하는 추세랍니다.

* 석주명: 생물학자(1908~1950). 곤충, 특히 나비 연구에 큰 업적을
남겼다. 미국 나비목학회 회원이었고, 국립과학박물관 연구부장을
지냈다. 저서에 『조선산 나비 총목록』 등 다수가 있다.

노란 리본의 슬픈 사연을 안고

남방노랑나비는 기후변화 지표나비 10종 가운데 유일하게 환경부와
농촌진흥청 두 기관의 선택을 모두 받은 종입니다. 그만큼 기후 환경변
화에 민감하게 반응하는 민감종이에요. 농업생태계에서 계절에 따른
발생횟수와 출현시기, 군집, 분포변화 등의 지표가 되어주는 것으로서
한반도 나비 중에 중요한 위치를 차지하고 있습니다.

이 나비는 변온동물*인데도 겨울에 성충으로 월동하는 특이한 생태
를 보여줍니다. 따뜻한 날씨를 좋아하는데도 아이러니하게 추위로부
터 몸을 보호하는 알이나 번데기 상태가 아닌, 그냥 나비인 채로 낙엽
이나 덤불 속에서 겨울을 이겨내는 쪽으로 적응하고 진화했습니다. 그
래야만 이른 봄에 애벌레의 먹이식물*인 비수리와 싸리, 자귀나무, 회
화나무 등 콩과식물의 새잎이 돋아나면 그곳에 곧바로 알을 낳고, 여
기서 부화한 애벌레가 빨리 자라게 할 수 있기 때문입니다.

대부분의 나비는 연 1~2회 나타나지만 남방노랑나비는 일찍 알을
낳아 1년 중 3~4회로 여러 번 발생을 합니다. 세대수를 많게 하여 다
른 나비들보다 자손 번식을 많이 하려는 생존전략이죠.

남해안 진도 팽목항에서 서해안을 따라 경기도 안산까지 이어지는
노란 리본의 슬픈 사연처럼 이 애달픈 나비 역시 온난화의 영향으로
해안선을 따라 경기도까지 올라오는 기후앞잡이* 노릇을 하고 있습니
다. 다양한 야생화가 피어나는 5월이면 새로 태어난 나비들이 노란 리
본처럼 팔랑거리며 바닷가에서 영혼의 춤을 추지요.

* 기후앞잡이: 마치 기후를 앞에서 안내하는 것처럼 기후변화에 능동
  적으로 대응하는 이를 뜻한다. 필자가 새로 만든 말이다.

| 큰방가지똥 가시 잎 사이에서 성충으로 겨울을 보내고 있는 모습 (담양에코센터, 2021.1.21.)

노랑은 한국산업규격KS에서 정한 10가지 색 중에서 중요한 위치에 있습니다. 또한 한국 전통색 체계에서 기본이 되는 색상으로 동(청), 서(백), 남(적), 북(흑), 그리고 중앙(황)으로 오방(정)색 가운데 중심을 잡고 가운데 위치하는 색입니다.

나비 중에 '노란색' 이름이 들어간 나비는 남방노랑나비를 비롯하여 한반도에 총 17종이 있습니다. 노란색을 띠고 있는 나비들이 많은 것은 꽃잎 중에 노란색의 비율이 가장 높기도 하거니와 꿀을 제공하는 흡밀식물밀원식물의 꽃 속에 있는 암술과 수술, 꽃가루가 노란색이 대부분인 탓입니다. 천적으로부터 자신을 보호하기 위해 색깔의 의태*로 적응 진화한 결과라고 볼 수 있지요.

| 비수리. 한방에서 '야관문'이라고 하며 혈액순환을 도와주고
항염과 항균 작용을 한다. (담양에코센터 사육온실, 2022.3.9.)

* 의태: 동물이 자신의 몸을 보호하거나 사냥하기 위해서 모양이나 색
깔이 주위와 비슷하게 되는 현상. 말벌과 흡사한 나방, 나뭇가지와
비슷한 대벌레, 해조(海藻)와 비슷한 해마 등이 그 예이다.

애벌레의 먹이식물인 비수리는 비교적 따뜻한 곳을 좋아해서 남부
지방에 지천으로 널려 있는 식물입니다. 덕분에 봄부터 가을까지 이
나비를 자주 만날 수 있어요. 특히 비가 온 다음 맑은 날에는 길에서
무리를 지어 다니며 물을 빨아 먹다가 가까이 가면 길을 따라 춤을 추
는 노랑물결의 장관을 볼 수 있답니다.

앙코르와트에서 나비 채집

남방노랑나비의 영어 이름은 'Common grass yellow'입니다. 풀밭
에서 흔하게 볼 수 있는 노란색 나비라는 뜻처럼 가장 흔하게 보는 나
비예요. 영어 사전에는 'Sulphur butterfly'라는 단어와 함께 유황나비
로 번역되어 있는데, 화산지대에서 매캐한 냄새와 함께 볼 수 있는 유
황처럼 샛노란 나비 색의 특징을 살린 이름입니다. 물론 이 나비에서
는 유황 냄새가 나지 않지만요.

25년 전 필자는 캄보디아 앙코르와트에 여행을 갔습니다. 유적지 내
에 수많은 남방노랑나비가 춤을 추고 있었는데, 그 모습이 마치 노란
꽃비가 휘날리는 것 같았어요. 가슴을 벅차오르게 하는 이 광경을 놓

칠세라 얼른 포충망을 꺼내 들고 주변을 둘러보았는데, 제복을 입은 경찰이 눈에 띄었습니다. 상의에 POLICE라는 글자가 새겨져 있기에 대뜸 "Could I catch butterflies at here?(이곳에서 나비를 채집할 수 있습니까?)"라고 물었어요. '안 되겠지' 하고 생각하는데 의외의 대답이 들렸습니다. "No problem." 필자는 귀를 의심하면서 포충망으로 나비 잡는 시늉까지 하며 다시 한번 물었습니다. 대답은 역시 "No problem."이었어요.

어쨌든 현지 경찰의 허가도 받았겠다, 필자는 신이 나서 하얗고 둥근 포충망을 들고 이리 뛰고 저리 뛰며 나비를 채집했습니다. 아마 그 자리에 있던 세계 각지에서 모인 관광객들은 그 모습을 보고 현지 곤충연구가 아니면 자연생태와 역사문화에 무지한 몹쓸 인간으로 여겼을 테지요. 가끔 표본 상자를 꺼내어 그때의 나비를 바라보면 쑥스럽기도 합니다.

| 남방노랑나비, 국내산(지리산 벽소령, 2018.8.11.)과 캄보디아산(앙코르와트, 2016.4.16.)

앙코르와트는 지금부터 약 900년 전 12세기 초에 건립된 유네스코 지정 세계문화유산이에요. 앙코르(Angkor)는 왕도, 와트(Wat)는 사원을 뜻하는 건축물로 앙코르 왕조의 전성기 왕인 수리야바르만 2세가 지은 바라문교 사원입니다. 15세기경 앙코르 왕조가 멸망하면서 400여 년 동안 정글 속에 묻혀 있었던 불가사의한 유적지죠.

1860년 프랑스 생물학자 앙리 무오가 곤충채집을 위해 정글에 파묻혔던 앙코르와트를 처음 발견하여 그때부터 다시 세상에 알려졌습니다. 하지만 그는 나비를 연구하러 갔다가 이 위대한 건축물을 발견한 1년 뒤 현지에서 말라리아로 세상을 떠납니다. 열대우림 속에서 무더위와 독충, 전염병과 싸우며 탐험했던 그의 열정이 새삼 존경스럽습니다.

우리의 조상도 기후여행을 떠났다

원시 인류의 조상 오스트랄로피테쿠스 아프리카누스(Australopithecus africanus)가 살았던 고향은 어디일까요? 바로 아프리카 동남부의 탄자니아 올두바이 계곡입니다. 여기서 약 320만 년 전의 발자국이 발견되었지요. 이들은 뗀석기와 불을 사용하면서 더 좋은 환경과 사냥감을 좇아 북아프리카, 유럽, 아시아, 아메리카 등지로 이동했습니다. 그러다가 혹독한 기후변화에 적응하지 못해 대멸종이 일어났을 것으로 추정하지요.

현생인류*인 우리의 조상은 처음부터 한반도에 살았을까요? 역사학자들은 "결코 그렇지 않다."라고 대답합니다. 그렇다면 우리 한민족의 조상은 어디서 왔을까요? 현생인류의 조상은 어디에 처음 출현했을까요? 이들은 무슨 이유로 세계 각지에 흩어져 살게 된 걸까요?

현생인류가 아프리카 대륙에서 출현했다는 것은 이미 알려진 사실이지만, 정확한 발상지에 대해서는 논란이 있었습니다. 그런데 기초과학연구원Institute for Basic Science 기후물리연구단이 오스트레일리아와 남아프리카공화국 연구진과 함께 현생인류의 정확한 발상지와 이주 원인을 세계 최초로 규명했답니다. 유전학적으로 현생인류*의 가장 오래된 혈통은 남부 아프리카 칼라하리 지역에서 출현했고, L0*의 살아 있는 후손이 지금도 주로 거주하고 있다는 것을 밝혀낸 거예요.

---

* 현생인류: 현존하는 인류와 해부학적으로 동일한 인류(호모 사피엔스 사피엔스, *Homo sapiens sapiens*)를 말한다.
* L0: 현생인류 최초 어머니에게서 처음 갈라져 나온 혈통으로, 현재도 L0 후손들이 남아프리카에 살고 있다. 현대 유전학 기술은 미토콘드리아 DNA를 통해 약 20만 년 전, 현생인류의 공통 모계 조상을 추적할 수 있다.

사람들은 현생인류가 최초로 이주하게 된 원인으로 두 가지 가설을 제시했습니다. 하나는 기후가 건조해져서 다른 곳을 찾아 이주했을 거라는 가설, 또 하나는 풀과 나무가 무성한 녹지로 드나드는 것이 자유로워지면서 사냥과 수렵채집을 하며 녹지 축을 따라 이동했을 거라는 가설입니다.

연구진은 해양과 육지 퇴적물 등 고기후 자료와 기후 컴퓨터 모델 분석을 통하여 세차운동* 때문에 약 2만 년의 주기로 남아프리카에서 습하고 건조한 상태가 교대로 반복되었다는 패턴을 밝혀냈습니다. 그리고 과거 남아프리카의 강우량과 식물생태 패턴 변화를 재현하여 분석한 결과, 약 20만 년 전부터 약 13만 년 전까지 현생인류는 남아프리카 중부 칼라하리 지역의 대규모 습지에 살았다는 걸 알게 되었지요. 지금까지는 이 시기에 발상지로부터 이주한 증거가 없었는데, 유전학에서 밝힌 최초 이주 시점과 일치하는 약 13만 년 전에 발상지 칼라하리 지역에서 북동쪽 잠비아, 탄자니아 지역으로 습해진 녹지 축을 따라 인류가 처음으로 이주했다는 사실이 규명된 것입니다.

* 세차운동: 태양과 달의 인력 때문에 지구 자전축이 약 21,000년 주기로 기울어 회전하는 현상으로 기후와 식생 변화를 일으킨다.

더불어 약 2만 년이 지난 후 세차운동으로 인해 약 11만 년 전에는 발상지 칼라하리 지역에서 남서쪽 나미비아, 남아공 지역으로 또 다른 녹지 축이 형성되어 남서쪽으로 이주했다는 것도 밝혀냈습니다. 즉, 현생인류가 남아프리카 발상지에서 다른 곳으로 이주한 원인이 기후변화 때문이었다는 것을 증명한 것입니다.

이는 곧 유전학적으로 분석한 현생인류의 초기 출현 발상지와 이주시기 및 경로가 일치한다는 것으로 현생인류가 기후변화로 인해 이주해 삶의 터전을 마련했다는 뜻입니다. 유전자를 채취하여 분석하는 유

| 탄자니아 올두바이 협곡

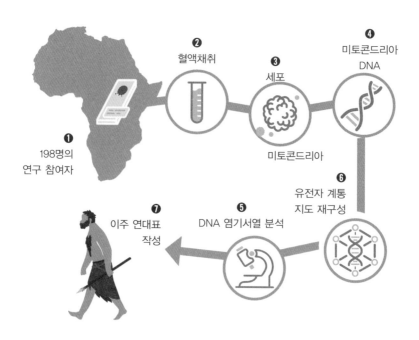

❶ 198명의
연구 참여자

❷ 혈액채취

❸ 세포

미토콘드리아

❹ 미토콘드리아
DNA

❺ DNA 염기서열 분석

❻ 유전자 계통
지도 재구성

❼ 이주 연대표
작성

| 혈액샘플에서 L0 유전자 뿌리를 추적하는 과정

전학적 증거와 고기후를 재구성하는 기후물리학을 결합해 초기 현생 인류가 태양계 내의 자연적인 기후변화에 의해 이주했다는 최초의 증거라는 점에서 의의가 큽니다.

향후 연구진은 L0 이외의 다른 혈통의 이주 경로도 추적하여, 인류 조상들이 어떻게 전 세계로 퍼져나갔는지, 기후변화와는 어떤 관계가 있는지 초기 인류 역사의 수수께끼를 계속해서 풀어나갈 계획이라고 해요. 그러니까 우리 조상들도 기후변화의 영향으로 먼 타향 남아프리카에서 이곳 한반도까지 이주해왔다는 게 일부 밝혀진 셈입니다(과학기술정보통신부와 기초과학연구원 보도자료(2019.10.29.)를 편집 인용함).

기후변화 지표나비들 또한 고난의 기후여행을 통해 먼 이국땅에 발을 디디고 힘겹게 귀화종으로 살아가고 있습니다. 최초 남방노랑나비의 조상은 구북구, 동양구, 오스트레일리아구 가운데 어디엔가 살았을 것입니다. 인간의 이주처럼 기후변화에 적응하거나 여기저기 흩어지면서 현재와 같이 서식지를 확장했을 테지만 처음 살았던 고향이 어디인지는 아직 정확히 알 수 없습니다.

> **작지만 아름다운 실천**
>
> 이제는 우리 곁에서 점점 멀어져 가는 깜찍하고 예쁜 이 노란 꽃나비를 가까이에서 자주 볼 수 있도록 일회용 컵 사용을 자제하고 개인 컵을 휴대하는 아름다운 실천을 기대해봅니다.

남방노랑나비 서식 분포도

(좌-1940년대, 우-2022년 현재)

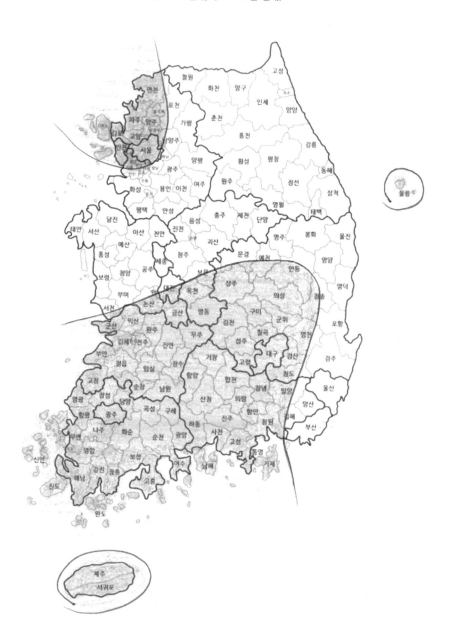

날개 확대 사진으로 읽는
기후 생태 환경 이야기

남방노랑나비의 빨간색 동그라미 부분을 실체현미경으로 확대한 사진에서
저자가 본 모습과 다른 어떤 모습의 그림이 연상되는지
상상력을 발휘해보세요.

바다로 떠내려가는 페트병

위 사진을 잘 보세요. 그림의 빨간 동그라미 부분을 확대한 사진인데요. 마치 바닷가에 떠다니는 페트병처럼 보이지 않나요? 페트병 같은 플라스틱 제품이 파도, 바람, 해류, 태양열, 자외선 등에 의해 작게 분해된 5mm 이하의 아주 작은 플라스틱을 미세플라스틱이라고 합니다. 바다 환경오염은 부메랑이 되어 우리 인간에게 되돌아온다는 걸 명심해야 합니다.

| 남방노랑나비, 윗면 왼쪽 앞날개 아외연 중부
| 지리산 백소령, 2018.8.18.
| 실체현미경 ×45배

지층 위에서 자라는 식물

나비의 털이 바람에 하늘거리는 가느다란 식물처럼 보여요. 지층은 지질시대 당시의 기후 변화에 의해 퇴적된 세월의 흔적입니다. 현생식물은 켜켜이 쌓인 층간 물질 위에 또 다른 역사를 써가는 기후학자들이지요.

│ 남방노랑나비, 윗면 오른쪽 앞날개 외연 중부
│ 지리산 백소령, 2018.8.18.
│ 실체현미경 ×45배

새싹은 생명의 시작

싹이 튼 후 본 잎이 나오기 일주일 전의 모습이 새싹입니다. 새싹은 생명을 유지하기 위해 비타민과 각종 아미노산 등 새로운 물질을 합성합니다. 약 37억 년 전 선캄브리아시대에 엽록소가 있는 남세균 cyanobacteria이 최초로 대기 중에 산소를 공급해 생명 탄생의 기원을 마련했어요. 이후 단세포 생물이 탄생한 뒤 기후변화에 대응하며 현재의 다세포 생물로 진화했습니다.

남방노랑나비, 윗면 왼쪽 앞날개 전연과 더듬이
지리산 백소령. 2018.8.18.
실체현미경 ×15배

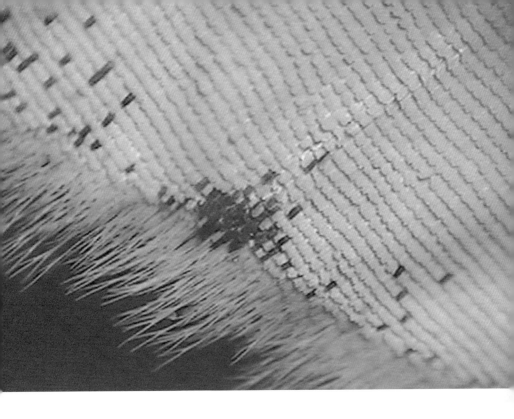

합성섬유는 미세플라스틱

합성섬유는 석유에서 뽑아낸 실입니다. 세탁기에서 닳아진 플라스틱 조각은 강으로, 바다로 흘러 들어가 해양을 오염시키죠. 바다로 흘러 들어간 미세플라스틱의 약 35%가 합성섬유 옷이랍니다. 또한 공기 중에도 미세플라스틱이 떠다니고 있어 호흡기와 피부 질환 등 우리에게 치명적인 해를 끼치고 있어요.

| 남방노랑나비, 윗면 왼쪽 뒷날개 외연 하부
| 지리산 백소령, 2018.8.18.
| 실체현미경 ×45배

51

까만 몽돌해변

우리나라 바닷가에는 하얀 모래로 이루어진 해변만 있는 것이 아닙니다. 검은색 자갈로 이루어진 아름다운 해변도 있어요. 화성암 중에 흑운모가 많이 함유되어 있거나, 검은색 진흙이나 모래, 자갈 등이 오랜 시간 높은 열과 압력을 받아 형성된 퇴적암 그리고 변성암 등 검은색 돌의 형성 원인은 여러 가지가 있어요. 제주도는 화산 폭발에 의해 검게 그을려 형성된 현무암으로 이루어진 섬입니다.

ㅣ 남방노랑나비, 윗면 왼쪽 뒷날개 외연 중부.
ㅣ 지리산 백소령, 2018.8.18.
52 ㅣ 실체현미경 ×10배

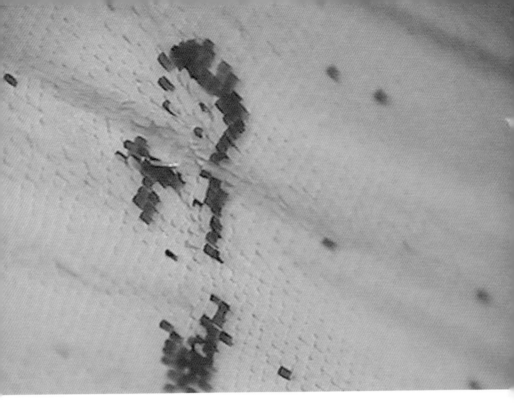

삼태성을 바라보는 미래의 천문학자

삼태성三台星은 3개의 별이 일직선을 이루고 있는 별자리로 큰곰자리에 딸린 자미성을 지킨다는 전설이 있어요. 큰곰자리의 꼬리인 7개의 별들은 마치 국자모양처럼 보여 우리에게 친근한 북두칠성北斗七星입니다. 모두 2등 내외의 밝은 별들로 옛날에는 선원들이 항해하는 데 길잡이 역할을 했어요.

| 남방노랑나비, 아랫면 왼쪽 앞날개 중앙 상부
| 지리산 백소령, 2018.8.18.
| 실체현미경 ×40배

기후여행 발자국

무거운 배낭을 메고 뚜벅뚜벅 걸어가며 기후여행을 하고 있네요. 지구 온난화를 온몸으로 느끼며 뜨거운 대지 위에 발자국을 남기고 있어요. 이 아이는 어른들의 잘못 때문에 힘겨운 여행을 하고 있습니다. 기후변화에 민감하게 대응하고 있는 인간이야말로 대표적인 기후변화 지표종이 아닐까요?

| 남방노랑나비, 아랫면 오른쪽 앞날개 기부
| 2018.8.18. 지리산 백소령
| 실체현미경 ×20배

고딕 양식의 걸작, 노트르담 대성당

2019년 4월 19일 봄철 건조한 날씨 때문에 노트르담 대성당의 꽃인 첨탑이 화재로 무너졌어요. 뜨거운 불길로 지붕에 덮여 있던 200여 톤의 납이 증발하여 주변에 심각한 환경오염을 일으켰어요. 납은 중금속입니다. 우리 몸에 들어오면 납중독으로 몸이 마비가 생기는 등 신경계와 혈관계에 많은 영향을 미칩니다.

| 남방노랑나비, 윗면 왼쪽 앞날개 후연
| 전남 담양, 1987.8.6.
| 실체현미경 ×32배

바람 따라 제비처럼

무늬박이제비나비

무늬박이제비나비의 생태

에코 속보

한여름 양손에 부채를 펼치고 검은 망토를 휘날리며 하늘을 나는 커다란 생명체가 전라북도 장수군에 나타났다. 제비처럼 생겼지만 나는 모습이 한층 우아하다. 지금까지 한 번도 보지 못한 희한한 무늬를 가진 이 나비는 무늬박이제비나비다. 제주도와 남해안에 살던 나비가 기후 온난화의 영향으로 남촌의 훈풍을 타고 점점 북상하고 있다.

−〈기후여행신문〉, 2021년 8월 20일, 송국 기자−

부채꼴 반달무늬 제비나비

무늬박이제비나비*Papilio helenus*는 지금으로부터 약 2천5백만여 년 전 신생대 제3기 팔레오기의 후기에 출현하였습니다. 이후 신생대 제4기에 시작되는 플라이스토세*의 한랭한 빙하기와 온난한 간빙기를 여러 번 거치며 해수면의 상승과 하강, 기후대의 이동 등 극심한 기후환경 변화에 적응하며 진화를 거듭해왔는데요. 주로 일본, 중국 남부, 대만, 히말라야, 인도, 동남아시아 지역에 서식하고 있는 열대와 아열대성 남방계 나비입니다.

이 나비는 날개를 편 길이가 11~12cm로 호랑나비과 나비 가운데서 대형에 속하는 종이랍니다. 다른 제비나비와 달리 뒷날개 중앙부위에 황백색의 반달무늬가 있어서 쉽게 알아볼 수 있어요. 필자가 동남아시 아로 채집여행을 갔을 때 숲길에서 자주 마주치던 흔한 녀석들입니다. 그때 채집해온 나비는 우리나라 남부지방에서 채집한 나비보다 훨씬 커요. 애벌레가 무엇을 먹는지, 온도와 습도가 어느 정도인지, 계절변 화나 기후환경 조건이 어떠한가에 따라 개체의 성장이 달라지는데요.

| 무늬박이제비나비(국내산-거제 지심도, 2010.8.15., 동남아시아산-필리핀, 1999.7.12.)

동남아시아는 날씨가 따뜻하고 습도가 높아 먹이식물이 쑥쑥 잘 자라 애벌레의 먹이가 풍부합니다. 추운 겨울이 없고 사시사철 꽃이 피기 때문에 나비가 먹는 꿀이 풍족합니다. 이러한 조건 때문에 애벌레와 나비의 영양상태가 좋아 개체변이에 큰 영향을 준 것으로 보입니다.

무늬박이제비나비 애벌레의 먹이식물은 머귀나무, 산초나무, 탱자나무, 귤나무 등입니다. 대개 운향과 식물로 무늬박이제비나비는 이 식물들의 잎이나 줄기에 알을 낳아요. 성충은 5월부터 9월까지 연 2회 발생하며 엉겅퀴, 누리장나무, 자귀나무 등의 꽃에서 꿀을 빨며 날아다니죠. 번데기 상태로 혹독한 추위를 견딘 후 이듬해 봄이 되면 나비로 우화합니다.

| 산초나무(광양 백운산 2020.7.10.)

무늬박이제비나비로 이름이 붙은 것은 나비학자 석주명 선생이 1947년 「조선생물학회」에 발표한 『조선 나비 이름의 유래기』에 '이름대로의 형태를 구비한 종류로 제주도와 남조선서 알려졌지만 극히 희귀하다. 제주도에서 한 마리 잡은 일이 있을 뿐이다.'라고 기록되어 있습니다.

하지만 불과 80여 년이 지난 지금은 기온 등의 변화로 제주도, 전라남도와 경상남도의 남해안 섬 지역에 정착하여 살고 있습니다. 덕분에 현지에서 자주 볼 수 있는 나비가 되었어요. 그뿐 아니라 점차 내륙으로 이동하여 담양을 지나 전라북도 장수에서도 관찰되고 있습니다. 현재 더욱더 북쪽으로 분포가 확대하는 추세이므로 환경부에서는 「국가 기후변화 생물지표 나비」로 지정하여 관리하고 있습니다.

검은 망토를 걸친 흑기사

호랑나비과에는 이름에 '제비나비'가 붙은 종이 6종이나 있습니다. 사향제비나비, 긴꼬리제비나비, 청띠제비나비, 남방제비나비, 제비나비, 산제비나비, 그리고 기후변화 지표종인 무늬박이제비나비가 있죠. 이 중에 청띠제비나비와 남방제비나비는 남해안과 남서해안에서 계속 북쪽으로 분포를 확대하고 있으므로 필자는 '기후변화 생물지표 후보종'으로 지정하여도 무방하다고 생각합니다.

이 제비나비 종류들은 모두 다 대형 종들로 커다랗고 검푸른 날개를 팔락이며 날아갑니다. 재빠르게 획 지나갈 때면 실제의 크기보다 한층 크게 보이지요. 가끔 주변 친구들이 손바닥 두 개를 합친 얼굴 크기만 한 나비를 보았다고 하는 것도 이런 착시현상 때문입니다. 나비의 천적인 새가 보아도 이들 날개의 위용에 압도당할지도 모릅니다.

이 친구들은 몸체에 비해 날개가 매우 큽니다. 배트맨이 입을 법한 커다랗고 까만 망토를 걸치고 바람을 일으키는 모습은 상상만 해도 멋집니다. 특히 무늬박이제비나비는 이 망토에 황백색의 무늬를 새겨 넣어 더욱 독특한 품격을 자랑한답니다.

위장전술의 방어 메커니즘
모든 곤충은 수억 년 살아오는 동안 생존에 꼭 필요한 비밀 병기를 개

| 잎에 앉아 있는 **무늬박이제비나비**

발하는 쪽으로 진화해왔습니다. 개체마다 특화된 기능을 적응 방산
adaptive radiation 함으로써 가장 오랫동안 지구상에 번성하며 곤충 다
양성을 유지하고 있어요.

독침술의 대가 말벌, 날카로운 톱니발*전사 왕사마귀, 방패막이 갑
옷을 입은 딱정벌레, 의태의 마술사 대벌레, 화학전사 폭탄먼지벌레, 높
이뛰기 선수 벼룩, 자체발광 늦반딧불이, 소프라노 애매미, 차력사 한
국홍가슴개미, 물속의 폭군 물방개 등은 기후변화에 의해 빙하기가 오
는 등 서식환경이 바뀌어도 비장의 기술을 발휘하여 어려운 시기를 견
뎠답니다.

* 톱니발: 톱니처럼 가시돌기가 있는 낫 모양의 사마귀 앞발 모양을
  뜻하는 말로 필자가 만든 신조어다.

그런데 이들에 비해 나비들은 천적에게 능동적이고 적극적으로 대
항하는 공격 모드가 전혀 없습니다. 고작해야 날개로 도망가는 삼십육
계 줄행랑을 칠 수밖에 없죠. 물론 날개를 작게 오므려 의태색으로 위
장한 다음 숨바꼭질 작전을 펴는 나비도 있습니다. 이에 비해 무늬박
이제비나비의 생존전략은 조금 다릅니다. 날개에 독특한 문양을 새겨
넣어 묘기를 부리는 것을 비장의 무기로 삼거든요. 비밀은 날개에 마
술 효과를 불러일으키는 노란색 부채꼴 반달무늬에 숨어 있습니다. 검
은색 바탕에 있는 노란색 무늬는 명시성을 높여주어 아주 잘 보입니

다. 당연히 나비의 천적에게도 잘 보이겠죠?

뒷날개 양쪽에 대칭으로 커다랗게 자리 잡은 이 무늬는 날개를 파닥일 때마다 가까워졌다 멀어졌다를 반복하는데요. 이것이 천적인 새에게는 자기보다 크고 사나운 맹금류가 머리를 좌우로 움직이며 매섭게 노려보는 것처럼 보인답니다. 얼마나 섬뜩할까요?

무늬박이제비나비는 꽃에 앉아 꿀을 빨 때도 날개를 지속적으로 빠르고 가늘게 파르르 떨어요. 천적이 이 모습을 멀리서 보게 되면 노랑무늬에서 빛이 마구 흩어지는 게 꼭 맹금류가 눈알을 굴리는 것처럼 위협적으로 보인답니다. 살아남기 위한 위장전술 중 참 특이한 방법이에요.

무늬박이제비나비가 날개에 커다란 무늬를 만들게 된 배경은 무엇

| 무늬박이제비나비(거제 지심도, 2010.8.15.)

일까요?

첫째, '적의 적은 나의 친구이다'라는 원리를 이용합니다. 나비의 천적은 새잖아요. 그런데 일반적인 새들은 맹금류를 무서워합니다. 이 같은 자연의 원리를 활용해서 새의 포식자인 맹금류 눈매를 자신의 날개 마술로 만들어 공포효과를 내는 것이지요.

둘째, 새들이 눈알무늬를 쪼도록 하여 나비에게 중요한 부분인 머리, 가슴, 배를 보호합니다. 새들은 본능적으로 피식자의 머리 쪽을 공격하는 습성이 있어요. 무늬박이제비나비는 바로 이 점을 이용했습니다. 생명에 지장이 없는 날개만 일부 다치게 하고 목숨을 지킴으로써 자손번식을 유지하는 전략을 구사하는 것이지요.

셋째, 평상시 짝짓기 상대방에게 더 매력적이고 아름답게 보이기 위한 사랑의 마크로 이 커다란 무늬를 이용하고 있답니다.

넷째, 멀리 있는 짝을 빨리 찾기 위한 성표性標로도 활용합니다.

이유야 어찌 되었든 이 무늬는 생존과 자손번식을 위하여 오랫동안 몸부림쳐온 흔적이겠지요.

작지만 아름다운 실천

식물은 햇빛을 받아 광합성을 할 때 지구 온난화의 주범인 이산화탄소를 사용하여 우리에게 필요한 포도당과 산소를 내놓습니다. 바람 따라 제비처럼 날아온 무늬박이제비나비가 더는 북상하지 않고 우리와 함께 더불어 살아갈 수 있도록 자투리땅에 한 그루의 나무라도 심는 작은 실천을 기대해봅니다.

무늬박이제비나비 서식 분포도

(좌-1940년대, 우-2022년 현재)

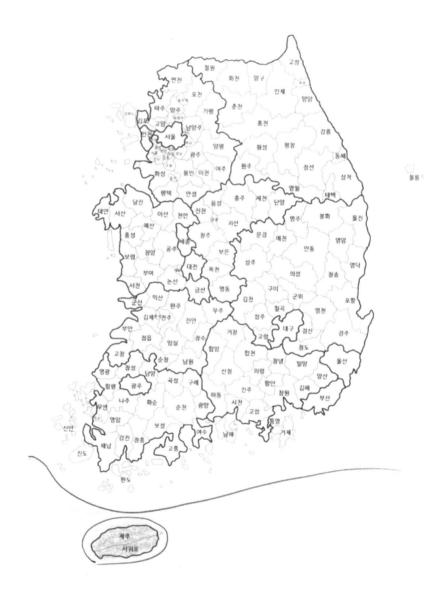

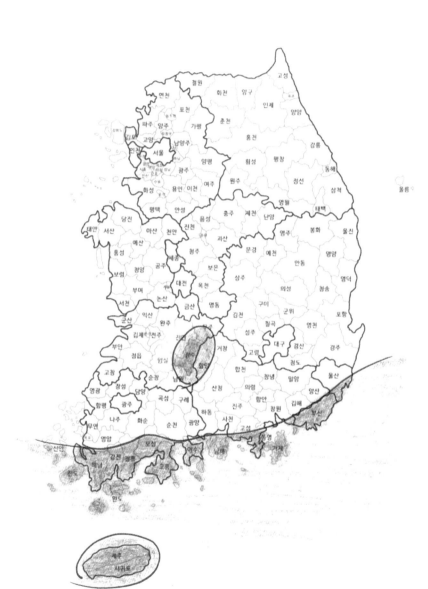

날개 확대 사진으로 읽는
기후 생태 환경 이야기

무늬박이제비나비의 빨간색 동그라미 부분을 실체현미경으로 확대한 사진에서
저자가 본 모습과 다른 어떤 모습의 그림이 연상되는지
상상력을 발휘해보세요.

북극까지 침범하는 생물체들

맑고 깨끗한 청정지역인 북극까지 침범한 생명체란 바로 인간입니다.
지구에 출현하여 석유나 석탄 등 화석연료를 남용함으로써 지구 온난
화와 미세먼지, 미세플라스틱 발생 등 온갖 못된 짓을 도맡아 해오고
있는 것도 인간이지요. 더불어 살아가는 동물과 식물을 못살게 굴며
기후변화 재앙을 가속화하고 있습니다. 이제는 지구 끝까지 올라갔으
니, 어떡하면 좋죠?

| 무늬박이제비나비, 윗면 왼쪽 겹눈
| 2010.8.15. 거제 지심도
70 | 실체현미경 ×40배

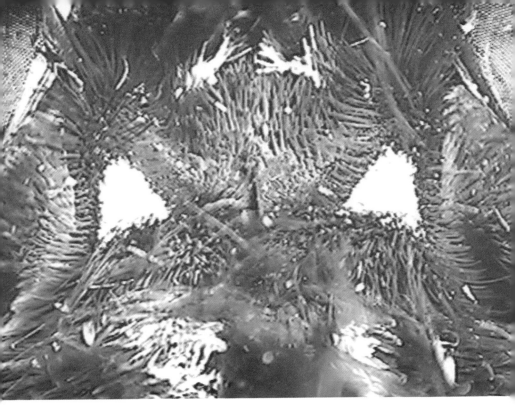

더 프레데터(The Predator)

DNA 조작으로 인해 인간을 능가하는 기술력으로 무장한 영리한 외계인이 지구에 쳐들어옵니다. 이들 프레데터는 열 감지 적외선, 자외선 등 다양한 방식으로 적을 추적하여 섬멸한다는 가상의 세계를 흥미롭게 보여준 캐릭터죠. 하지만 심각한 환경오염으로 인한 지구 파괴의 주범은 결국 인간입니다.

ㅣ 무늬박이제비나비, 윗면 등가슴
ㅣ 거제 지심도, 2010.8.15.
ㅣ 실체현미경 ×30배

지구를 살리는 생명줄

기후변화라는 질병에 시달리는 지구를 살리는 생명줄은 3가지입니다.
첫째, 탄소의 배출량을 줄여 기후위기에 대응하려는 '탄소 다이어트'.
둘째, 배출한 이산화탄소의 양만큼 다시 흡수하는 '탄소 중립'. 셋째, 화
석연료 사용으로 발생한 유해 물질들인 '미세먼지 줄이기'입니다.

| 무늬박이제비나비
| 윗면 왼쪽 앞날개 전연과 겹눈
| 2010.8.15. 거제 지심도
| 실체현미경 ×40배

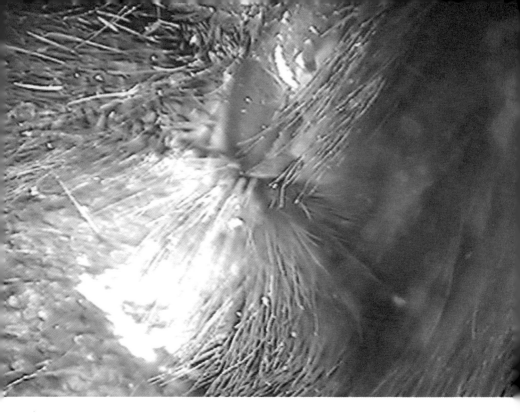

콸콸 쏟아지는 하수구 오염

계면활성제가 들어 있는 비누와 샴푸, 농약 살포로 인한 독극물 유입, 폐플라스틱, 동물농장 침출수, 공장에서 발생하는 오폐수, 인간의 배설물과 음식물 쓰레기 등이 하수의 주 오염원입니다. 자연정화나 인공적으로 정화하는 한계를 넘어서 강으로, 바다로 흘러가면 그 오염물질은 다시 우리 식탁 위로 올라옵니다.

ㅣ 무늬박이제비나비, 윗면 왼쪽 앞날개 기부와 등가슴
ㅣ 2010.8.15. 거제 지심도
ㅣ 실체현미경 ×28배

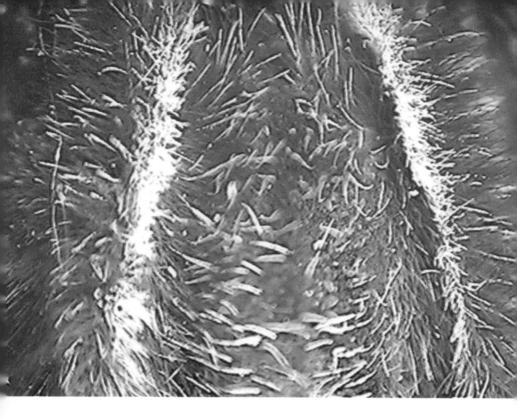

팬데믹을 일으키는 바이러스

바이러스Virus는 생명체의 세포에 기생해 증식하는 생물과 무생물의 특징을 가지고 있어요. 인간은 농경사회로 접어들면서 야생동물을 가축으로 길렀습니다. 하지만 동물들의 위생과 복지를 생각하지 않고 좁은 우리 안에 가둬놓고 사육했기 때문에 광우병, 아프리카돼지열병, 조류인플루엔자 등 바이러스를 몰고 오게 되었습니다. 이는 결국 인간을 감염시켰고 2019년 11월부터 코로나바이러스감염증-19COVID-19가 창궐하여 온 지구인을 공포의 도가니로 몰아넣었습니다.

| 무늬박이제비나비, 윗면 배 상부
| 2010.8.15. 거제 지심도
| 실체현미경 ×20배

백골화된 바다거북

바다에 버려진 폐비닐과 폐플라스틱, 폐그물 등 해양쓰레기가 해양오염을 가속화하여 바다거북의 생명을 위협하고 있습니다. 바다거북은 무엇이나 먹는 습성을 갖도록 진화했는데, 결국 그 '진화의 덫'에 걸려 죽어가고 있습니다. 해양쓰레기인 폐플라스틱 등을 잔뜩 먹고 영양실조와 화학물질 오염으로 위기에 처했거든요. 그뿐인가요? 바다 깊이 내려앉은 폐그물에 걸려 나오지 못하고 질식사하는 바람에 개체수가 빠르게 줄어들고 있습니다.

| 무늬박이제비 나비, 윗면 오른쪽 뒷날개 중앙 상부
| 2010.8.15. 거제 지심도
| 실체현미경 ×5배

생명 탄생과 진화

지구에는 37억 년 전 선캄브리아시대에 최초로 생명체가 탄생했습니다. 그 후 종 분화를 거쳐 점진적으로 계통진화를 거듭하면서 종 다양성을 유지하고 잘 살아오고 있습니다. 하지만 산업혁명 이후 생물들은 빠르게 진행되는 기후변화의 위기에 생체진화의 리듬을 맞출 수 없어 많은 종이 급속히 사라지는 중입니다.

| 무늬박이제비나비, 아랫면 오른쪽 뒷날개 외연 하부
| 거제 지심도, 2020.8.15
| 실체현미경 ×7배

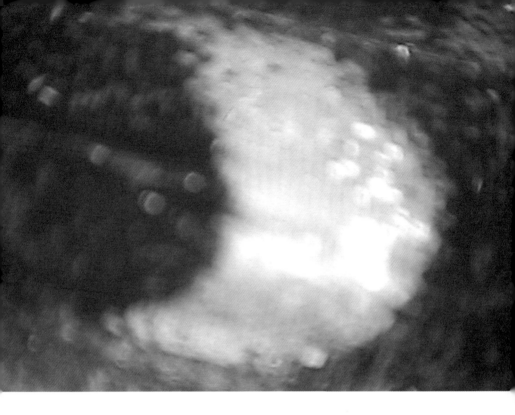

달무리는 기상 예보관

달무리는 달 언저리에 나타나는 아름다운 빛의 띠예요. 우리가 달을 볼 때 대기 중에 얼음 결정으로 이루어진 옅은 구름에 의해 빛이 굴절, 반사되어 보이는 거랍니다. 보통 달무리가 생기면 비가 오기 때문에 농부들은 다음 날 날씨 변화를 예상하기도 했어요.

| 무늬박이제비나비, 아랫면 오른쪽 뒷날개 외연 하부
| 거제 지심도, 2020.8.15.
| 실체현미경 ×5배

기후변화에 몸살을 앓고 있는 개구리 알

개구리는 약 4억 년 전 고생대 데본기에 출현하여 오랫동안 기후변화
에 적응하며 살아왔어요. 하지만 최근 기후 온난화로 인해 겨울잠에서
깨어나는 시기와 산란 시기, 올챙이가 개구리로 변신하는 시기가 빨라
지는 등 생리적 교란을 겪고 있습니다. 결국 개체수가 감소하고 먹이사
슬에 영향을 주어 연쇄적으로 생태계 평형이 깨지고 있어요.

| 무늬박이제비나비, 아랫면 왼쪽 뒷날개 기부와 중앙 상부
| 거제지심도, 2010.8.15.
| 실체현미경 ×7배

먹의 향을 따라 천리 길

먹그림나비

먹그림나비의 생태

에코 속보

불과 40여 년 만에 천 리 길을 날아와 인천광역시 무의도에서 먹으로 그
림 그리듯 하늘을 날고 있는 먹그림나비가 떴다. 옛 선인들이 남도에서
수묵화의 꽃을 피워 서해안을 따라 서울 경기 지방에 먹그림을 전수하였
듯이, 이 나비 역시 이 먹의 향기를 따라 고난의 북행길 나비여행을 하고
있다.

−〈기후여행신문〉, 2021년 7월 29일, 송국 기자

고난의 기후변화 여행

먹그림나비*Dichorragia nesimachus*는 지금으로부터 약 2천5백만여 년
전 신생대 제3기의 중기에 출현했습니다. 이후 신생대 제4기의 한랭한
빙하기와 온난한 간빙기를 여러 번 거치며 해수면의 상승과 하강, 기후
대의 이동 등 극심한 기후환경 변화에 적응하며 진화를 거듭해온 나비
랍니다. 해외에는 곤충 분포구상 히말라야산맥, 인도, 동남아시아의 동
양구와 중국, 타이완, 일본 등의 구북구에 서식하고 있어요.

나비학자 석주명 선생은 먹그림나비에 대해 『조선 나비 이름의 유래

기』에서 '묵류墨流 표면에 나타나는 무늬에서 유래한 이름이다. 조선서는 남부에만 있을 뿐이고 아주 희귀하다.'라고 기록했습니다. 선생의 유고집『한국산 접류 분포도』에는 1950년 이전에는 제주도와 전라남북도, 경상남도에서 적게나마 채집되었다는 기록이 나와 있습니다. 필자역시 1980년대 초, 이 나비를 관찰하고 채집하기 위해 전라북도 고창의 선운산으로 여행을 떠난 적이 있습니다. 하지만 현재는 기후 온난화의 영향으로 서해안을 따라 충청남북도와 경기도까지 서식지가 확장되어 웬만하면 만날 수 있는 흔한 친구가 되어버렸답니다. 특히 인천광역시 무의도까지 분포가 확대되고 있어서 환경부에서도「국가 기후변화 생물지표 나비」로 지정하여 관리하고 있습니다.

| 먹그림나비(정읍 월령습지, 2019.8.1.)

먹그림나비는 먹이식물인 나도밤나무, 합다리나무 등 나도밤나무과의 잎 뒷면에 알을 낳습니다. 거기서 부화하여 잎을 갉아 먹으며 자라는데요. 성충은 날개를 편 길이가 5.5~6cm로 크기는 보통입니다. 5월부터 8월까지 연 2회 출현하는데요, 꽃에서 꿀을 빨지 않고 주로 나무의 수액이나 발효된 과일즙을 먹습니다. 가끔 산기슭에 있는 축사에서 흘러나온 오물이나 축축한 땅바닥에서 물을 흡입하는 모습을 관찰할 수 있어요.

어린아이들처럼 음식 투정을 하지는 않지만 이 녀석의 애벌레는 편식쟁이임이 틀림없습니다. 산이나 들판에 널린 게 풀이고 나무지만, 먹그림나비는 아무 잎이나 먹지 않거든요. 실제로 나비들은 종마다 먹는 식물이 다릅니다. 이처럼 좋아하는 식물만 먹는 특성을 '기주특이성'이라 합니다. 예를 들어 호랑나비 애벌레는 운향과 식물인 탱자나무나 산초나무 잎을 좋아하고, 배추흰나비 애벌레는 십자화과 식물인 배추나 무 등만 먹고 자랍니다. 소철꼬리부전나비 애벌레는 아예 소철 한 종의 잎만 먹고 삽니다.

기후온난화 때문에 먹이식물의 서식지가 북상하면 나비들도 그 먹이를 따라 이동하는데요. 이렇게 하다 보면 자연히 생체변이가 일어남으로써 기후변화에 대응하게 됩니다. 특히 애벌레가 먹는 식물이 기후가 이동하는 경로를 따라 북쪽으로 올라가므로 나비들은 고난의 행군을 할 수밖에 없습니다.

우리 조상들이 묵향의 고향 남도에서 수묵화의 꽃을 피워 서해안을 따라 서울 경기 지방에 먹그림을 전수하였듯이, 먹그림나비 역시 이 묵향길을 따라 북상하여 불과 40여 년 만에 천 리 길을 날아가고 있습니다. 이 친구들의 입장에서 보면 1년에 두 번 발생하므로 무려 80여 세대를 거쳐 고행의 장거리 행군을 하고 있는 셈입니다.

의태의 마술사, 애벌레와 번데기

먹그림나비에겐 천적을 향해 능동적이고 적극적으로 대항하는 공격모드가 없습니다. 애벌레와 번데기 시기에 가시로 몸을 치장하거나 독성이 있는 물질을 내보내는 등 능동적으로 자기 자신을 방어할 수 있는 능력도 없고요. 대신 사방에 널린 포식자들로부터 살아남기 위해서 위장전술을 이용한 방어 메커니즘을 발현했습니다. 천적이 우글거리는 숲에서 자신을 방어하는 가장 좋은 방법을 찾아내 개체를 보존하며 진화해온 것이지요. 그동안 어떤 나비도 보여주지 않았던 방법,

| 먹그림나비 애벌레(담양 가마골생태공원, 2014.6.28.)

바로 나뭇잎을 모방한 위장과 의태술입니다.

종령* 애벌레의 모습은 마치 가슴 부위는 진녹색 또는 진갈색 저고리를 입은 것처럼, 배 부위는 연두색 또는 연갈색 치마를 입은 것처럼 보여요. 특히 치마 끝부분의 배 끝은 양쪽이 잎사귀 끝처럼 말려 올라간 듯 보입니다. 잎의 한가운데 있는 가장 굵은 잎맥인 주맥을 대칭으로 말아 올린 것 같죠? 저런 모습으로 잎에 앉아 있으면 먹이식물인 나도밤나무의 앞면과 뒷면이 서로 겹쳐 있는 것처럼 보여서 천적의 눈에 잘 띄지 않습니다. 그야말로 의태의 진수, 요즘 말로 '의태 찐'입니다.

* 종령: 유충은 탈피하면서 성장하는데 알에서 깨어난 후 1령, 그다음 허물을 벗을 때마다 2령, 3령...식으로 차례를 붙여 부른다. 마지막 탈피를 하여 성충이 되기 직전 유충시기의 마지막 령을 종령이라고 한다.

먹이식물인 나도밤나무는 쌍떡잎식물인데요. 잎맥이 그물처럼 얽혀 있는 그물맥입니다. 잎맥 중에 가운데를 가로지르는 주맥이 있고, 그 주맥 양옆으로 측맥이 있고, 측맥 사이에 가느다랗게 그물처럼 얽혀 있는 세맥이 있습니다.

번데기의 겉모습은 먹이식물인 나도밤나무 잎 모양을 본뜬 형태로 진화해왔습니다. 하지만 이 친구는 한술 더 떠 벌레가 갉아먹은 나뭇잎이 갈색으로 말라비틀어져 돌돌 말린 모습을 연출했습니다. 대롱대롱 매달린 채 말이에요. 사실, 이 녀석의 애벌레는 나뭇잎을 먹을 때에

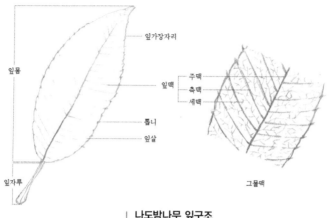

잎가장자리

잎몸

잎맥

주맥
측맥
세맥

톱니

잎살

잎자루

그물맥

| 나도밤나무 잎구조

도 구멍을 내며 먹거나 잎 가장자리를 따라 갉아 먹되 단단한 잎맥은 피하며 먹는 생태를 보여줍니다. 나뭇잎 잎살 사이에 도드라진 잎맥 같은 모습과 주맥을 따라 사선으로 그어진 측맥, 그 사이에 있는 작은 세맥들이 어떻게 그리 닮았는지 참으로 경이로울 따름입니다. 더군다나 나뭇가지에 사선으로 붙어 있는 잎자루 모양, 마치 벌레가 갉아먹은 것처럼 잎사귀에 구멍이 난 모습을 보면 소름이 돋을 지경입니다.

아무도 그 속에 먹그림나비 번데기가 도사리고 있는지 모를 만큼 대단한 둔갑술이죠. 번데기는 가을부터 시작해 한겨울 내내 이 번데기 방 안에서 살아야 합니다. 그래서 햇빛을 흡수하는 갈색이나 흑갈색의 낙엽 색깔로 치장하여 보온까지 염두에 둔 위장술을 익힌 거죠. 번데기는 그 속에서 혹독한 추위를 견딘 후 이듬해 먹이식물에서 새잎이 돋아나오는 봄이 되면 나비로 우화하여 날아갑니다.

먹그림나비 애벌레가 자라 번데기가 되어 혹독한 겨울을 견디는 모습은 먹이식물 잎의 1년 생태와 비슷합니다. 먹이식물인 나도밤나무와 합다리나무가 이른 봄에 연초록의 어린잎을 틔우고 한여름에는 진초록이 되었다가 가을이 되면 갈색으로 말라비틀어진 모양으로 매달렸다가 떨어지는 성장과 소멸의 과정을 그대로 보여주거든요. 만약 잎의 성장과정 속에 턱잎이* 있다면 먹그림나비는 그것조차 번데기 겉모습으로 연출하면서 진화했을 것입니다.

* 턱잎: 잎자루에 달린 작은 잎사귀인데 나도밤나무에는 없다. 갖춘잎의 조건으로 잎새, 잎자루, 턱잎이 있다. 턱잎은 잎자루에 달린 작은 잎사귀인데 나도밤나무에는 없다.

| 갉아먹은 낙엽 모양의 먹그림나비 번데기(정읍 내장산, 2021.8.12.)

| 나도밤나무(해남 두륜산, 2017.6.2.)

누가 이 고귀한 생명체의 애벌레와 번데기를 보고 그저 '우연히' 식물의 잎과 닮은 모습으로 만들어졌을 뿐이라고 할 수 있겠습니까? 사람들은 대개 도저히 설명할 수 없는 불가사의한 현상을 나비에게서 보았을 경우, '본능'이라는 한마디로 정리해버립니다. 그런데 정말 '본능'일까요? 나비들에게는 '본능'이 없습니다. 그러니 인간에게 편리한 낱말 하나로 이 신비로운 생명 현상을 단정하면 안 되지요. 굳이 설명을 붙이자면 이들이 수천만 년 동안 살아오면서 혹독한 기후와 천적으로부터 살아남기 위해 적응 진화해온 결과일 것입니다.

눈칫밥은 발효 음식

먹그림나비의 애벌레는 나도밤나무과의 잎을 먹지만, 성충인 나비는 주로 너도밤나무과_{참나무과}의 수액을 빨아 먹어요. 이 액체 속에는 나비가 활동하는 데 필요한 에너지와 생리작용 등을 위해 꼭 섭취해야 할 양분이 들어 있습니다. 수액의 대부분은 물이지만, 당분과 칼슘, 철, 마그네슘 등 각종 무기염류와 비타민, 불포화지방산 등 다량의 영양소가 들어 있는 먹그림나비의 종합영양제죠.

산길을 가다 보면 참나무 기둥에 다양한 곤충들이 사이좋게 무언가를 먹고 있는 게 보여요. 상처 난 곳에서 흘러나오는 진액을 먹는 모습인데요. 얼핏 평화로운 것 같지만 자세히 관찰해보면 부산하게 움직이며 저마다 좋은 위치를 차지하려고 신경전을 벌이는 것이랍니다. 곤충들 사이에도 먹이경쟁의 서열이 있거든요.

신선한 수액이 나오는 중앙에는 장수풍뎅이가 자리를 잡고 있고, 다음이 톱사슴벌레나 넓적사슴벌레, 그다음이 풍이와 점박이풍뎅이, 그

| 먹그림나비 애벌레가 남긴 나도밤나무 잎새궁(담양 가마골생태공원, 2021.10.3.)

리고 장수말벌이나 말벌, 마지막으로 제일 가장자리에 먹그림나비와 청띠신선나비, 황오색나비 등 네발나비과의 나비들이 눈칫밥을 먹으며 모여 있습니다. 그런데 눈칫밥이 꼭 나쁜 것은 아닙니다. 나무의 생채기에서 금방 나온 신선한 액체는 우유 그 자체라고 볼 수 있는 반면, 힘센 곤충들이 미처 다 못 먹어서 흘러내린 액체는 이로운 균에 의해 만들어진 영양식 요구르트 같은 발효 음식이거든요. 김치에 빗대보자면 막 흘러나온 액체는 새 김치, 가장자리의 액체는 잘 익어서 유산균이 풍부한 묵은김치와 같아요. 발효된 음식은 먹그림나비의 면역력을 높여주고 장운동을 활발하게 하여 소화를 도와줄 겁니다.

먹그림나비는 대다수 나비와 달리 꽃에서 꿀을 빠는 걸 좋아하지 않아요. 신선한 즙보다는 발효된 음식과 과일, 수액을 더 즐겨 먹습니다. 이 녀석들은 농장에서 흘러나온 침출수나 동물의 배설물, 심지어

| 먹그림나비(담양 가마골생태공원, 2011.7.25.)

부패한 동물의 사체도 마다하지 않습니다. 종종 이들이 동물 사체에 날아와 날개를 폈다 접었다 하면서 먹는 모습을 볼 수 있지요.

먹그림나비는 나비목 네발나비과에 속합니다. 모든 곤충은 발이 여섯 개인데 '네 발'이라고 하니 참 이상하죠? 물론 이 나비에게도 다리는 여섯 개 있습니다. 다만 이들의 다리는 비교적 굵고 튼튼한 덕분에 착지할 때나 날기 위해 도약할 때 앞의 두 다리가 불필요하여 차츰 작게 퇴화하여 잘 보이지 않을 뿐입니다. 두 앞다리는 입 주변에서 먹이 활동을 하는 데 필요한 감각기능을 수행하는 입술수염 역할을 하는 쪽으로 진화했지요.

CSI 명탐정 나비

중국 송나라 때에 쓰인 세계 최초의 법의학서 『세원집록洗寃集錄』에는 이 곤충을 활용해 범인을 잡았다는 기록이 있습니다. 다리 끝에 미각기관이 있는 이 곤충은 무엇일까요?

이 퀴즈는 '유퀴즈 온더블럭 제114화 여름방학 특집 방송'에 나온 것입니다. 정답은 파리예요. 수사관 송자宋慈의 법곤충학 저서 『세원집록』에 낫을 이용해서 살인사건을 해결한 에피소드가 나오는데, 바로 이것을 물어본 거죠. 살인사건이 일어나자 송자는 마을 사람들에게 자신들이 사용하는 낫을 들고 오라고 합니다. 그러자 모인 사람 중 유독 한 사람의 낫에만 파리가 모여든 걸 보고 송자는 그를 용의자로 지목합니다. 손잡이와 날에 남아 있던 피 냄새를 맡고 파리가 몰려들었기 때문이에요.

이처럼 곤충의 특성을 이용하여 범죄수사를 해나가는 학문을 법곤충학Forensic entomology이라고 합니다. 곤충은 종마다 주변 온도, 습도, 날씨, 계절, 토양, 기후조건, 지리적, 지역적 특성 등 서식환경에 따라 음식물, 생명주기Life cycle, 성장단계, 성장속도, 행동양식 등이 다릅니다. 이런 특성들은 살인사건을 해결하는 과학수사의 증거지표로 삼기에 딱 좋습니다. 곤충은 사건 현장에서 무슨 일이 벌어졌는지 당시의 진실을 알아가는 데 큰 도움을 줍니다. 그렇다면 어떤 곤충이 과학수사를 하는 데 유용할까요? 이들은 시신의 사망 시기를 어떤 방법으로 알려주는 걸까요? 살인 현장에 있는 시신은 부패하기 시작하면서 각종 곤충에게 시간차로 공격을 당합니다. 제일 먼저 달려오는 곤충은 신선한 살을 좋아하는 금파리예요. 사망한 지 불과 한두 시간 내에 찾아옵니다. 그다음으로 검정파리, 쉬파리, 집파리가 순서대로 나타나 눈, 코, 입, 귀 등 상처 부위에 알을 낳습니다. 파리목의 애벌레인 구더기는 습하고 연한 조직을 좋아하기 때문이죠.

시체의 부패가 어느 정도 진행되어 7일 정도 지나면 딱정벌레목의 송장벌레가, 10일 정도가 되면 건조한 조직과 연골을 좋아하는 딱정벌레 등이 현장에 나타납니다. 1개월이 지나면 피부와 뼈에 남아 있는 질긴 살이나 근육에 개미, 반날개, 밑쑤시기, 수시렁이, 나방, 말벌과 같은 여러 육식성 곤충들이 기웃거리며 수사에 도움을 줍니다.

이때쯤에 우리의 주인공인 먹그림나비가 네발나비과 친구들인 신선

나비류, 오색나비류들과 함께 등장하여 사건 현장을 먹그림으로 남길 것 같은 예감이 듭니다. 왜냐하면 이 녀석들은 부패한 동물의 사체 냄새를 맡고 날아와 모여들기 때문이죠. 발이나 날개에 묻은 죽은 사람의 흔적이나 입으로 흡습한 망자의 DNA가 이 친구의 뱃속에 남아 있기 때문에 시신의 사망 시기와 장소 등을 알려줄 수 있는 CSI_{과학수사대} 명탐정이 될 소지가 다분합니다.

마지막으로 단단한 뼈만 남게 되면 곤충은 사라지고 시체가 분해되어 토양에 흔적을 남기지요. 그러면 맨 마지막으로 땅속에 사는 작은 미생물들이 모여 사건 현장을 지키게 됩니다. 미생물들은 사건이 발생한 지 몇 년이 지난 뒤에도 현장에 지문처럼 남아 있어서 범죄수사에 단서를 제공하는 훌륭한 조력자 역할을 합니다.

곤충들은 사체에 알을 낳고 유충의 성장단계와 탈피과정, 우화시기를 거치는 생명주기를 갖기 때문에 각각의 과정을 통해 죽은 자의 사망 시기를 추정하는 데 요긴하게 활용할 수 있습니다. 또한 곤충은 들과 산지, 도시와 시골 등의 지리적, 지역적인 서식환경에 따라 살고 있는 종이 다르므로 사건현장이 남몰래 옮겨졌어도 감식해낼 수 있습니다. 더불어 사건 현장에서 채집된 곤충을 분석하여 마약이나 독극물 복용 여부를 간접적으로 유추하기도 합니다. 이렇듯 보잘것없어 보이는 곤충이지만 실은 미궁에 빠진 살인사건에 해결의 실마리를 제공하는 명민한 과학수사대 요원이랍니다.

작지만 아름다운 실천

먹그림나비는 가고 싶지 않은 기후변화 여행을 하고 있습니다. 이들이 아름다운 생태숲에서 먹그림을 그리며 자손 대대로 우리와 함께 더불어 살아갈 수 있도록 더운 여름철에 에어컨을 켜기보다는 먹의 향기가 서린 부채를 애용하면 어떨까요?

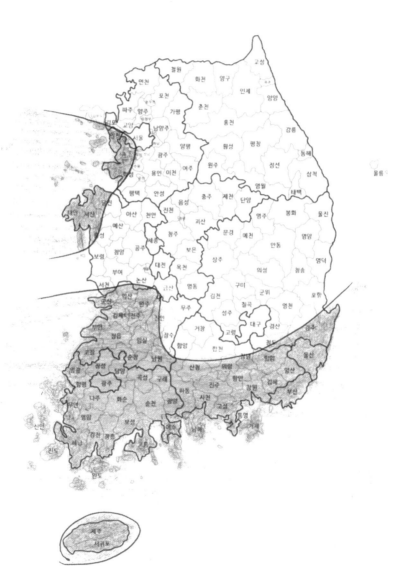

날개 확대 사진으로 읽는
기후 생태 환경 이야기

먹그림나비의 **빨간색 동그라미** 부분을 실체현미경으로 확대한 사진에서
저자가 본 모습과 다른 어떤 모습의 그림이 연상되는지
상상력을 발휘해보세요.

태풍의 눈과 슈퍼태풍

태풍의 눈 Eye of Typhoon 이라고 들어보셨죠? 강한 원심력이 작용하여 깔때기 모양의 하강기류가 생기면서 만들어지는데, 하늘은 맑고 바람이 약한 태풍의 중심 부분입니다. 북반구에서는 시계 반대 방향으로 회전하며, 보통 진행 방향의 오른쪽에 큰 피해를 주죠. 최근 지구 온난화의 영향으로 해양 표면의 온도 상승 폭이 커지면서 바닷물이 심각하게 많이 증발하고 있는데요. 많은 양의 수증기를 동반한 상승기류는 강력한 슈퍼태풍을 자주 발생시켜 우리 인류를 공포에 떨게 합니다.

| 먹그림나비, 아랫면 입
| 정읍 월령습지, 2019.8.1.
| 실체현미경 ×35배

건강을 진단해주는 손톱달

한방에서는 손톱에 떠 있는 달의 크기와 맑은 정도를 보고 건강을 진
단하기도 합니다. 하늘에 떠 있는 달 역시 흐리거나 밝은 정도, 크기,
달의 속도(착시현상으로 구름이 이동하면 달도 반대 방향으로 가는 것처럼
보이는 속도), 달무리 등을 보고 기상 현상을 예측하기도 합니다.

| 먹그림나비, 윗면 오른쪽 뒷날개 외연 하부
| 정읍 월령습지, 2019.8.1
| 실체현미경 ×45배

시원하게 떨어지는 물줄기

수력발전은 높은 곳에 있는 물의 위치에너지를 발전기 터빈이 운동에

너지로 변환시켜 에너지를 얻는 재생 가능한 발전방식입니다. 화력발

전처럼 석탄이나 석유 같은 화석연료를 사용하지 않아 대기오염 물질

발생이 거의 없는 친환경 에너지랍니다.

⎮ 먹그림나비, 윗면 왼쪽 앞날개 전연
⎮ 정읍 월령습지, 2019.8.1.
⎮ 실체현미경 ×22배

지구야, 사랑해

가운데 부분을 잘 보세요. 하트 모양이 보이나요? 지구야! 너를 꼬-옥 껴안아 주고 싶은데 그럴 수가 없어. 왜냐고? 네 몸이 너무 커서 한 아름에 안을 수가 없거든. 그렇지만 너를 생각하면 떠오르는 말이 있어. 뭐냐고? "미안해, 그리고 사랑해!"

| 먹그림나비, 윗면 오른쪽 앞날개 아외연 상부
| 정읍 월령습지, 2019.8.1.
| 실체현미경 ×45배

102

친환경 에너지, 태양광 발전

태양광 발전은 태양 전지 모듈에 의하여 태양의 빛 에너지를 직접 전기에너지로 변환하는 발전방식입니다. 햇빛을 이용하기 때문에 온실가스를 발생시키지 않고 생산되는 친환경 재생에너지랍니다.

| 먹그림나비, 아랫면 왼쪽 앞날개 전연
| 정읍 월령습지, 2019.8.1.
| 실체현미경 ×17배

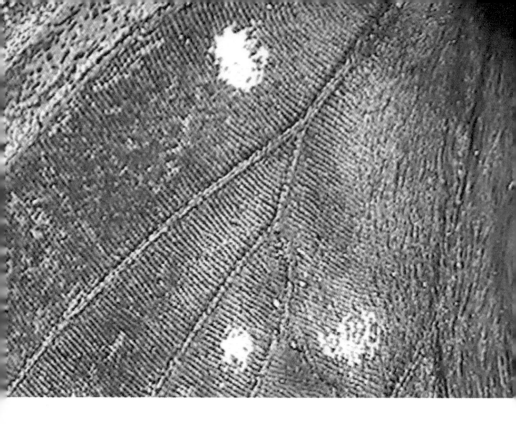

아마존의 눈물

지구의 허파, 아마존은 지구온난화를 이끄는 이산화탄소를 줄이고 스스로 정화하는 능력이 우수합니다. 인간의 무분별한 개발로 최근 3년 동안 매일 축구장 3,000여 개 면적의 아마존 열대우림이 사라지고 있어요. 농경과 목축을 위해 고의 방화로 파괴가 심각하고요. 이런 추세라면 아마존은 머지않아 숨을 쉴 수 없는 허파로 바뀔 겁니다.

| 먹그림나비, 아랫면 왼쪽 뒷날개 기부
| 정읍 월령습지, 2019.8.1.
| 실체현미경 ×9배

소소소소소소...

지구 온난화에 가장 크게 미치는 6대 온실가스 중에 91%가 이산화탄소이고 그다음이 4%를 차지하고 있는 메탄가스(CH_4)입니다. 메탄가스를 가장 많이 배출하는 것이 소가 뀌는 방귀와 트림이에요. 소는 위에 음식물을 잠시 저장했다가 되새김을 하는데 이때 위 속의 미생물이 식물의 섬유질을 분해하는 과정에서 메탄이 생성됩니다.

| 먹그림나비, 아랫면 오른쪽 뒷날개 외연 하부
| 정읍 월령습지, 2019.8.1.
| 실체현미경 ×7배

지구의 역사, 태엽

시계 속에 감긴 태엽이 모두 풀리면 시계 바늘은 돌지 않아요. 지구의 시간은 태엽을 다시 감을 수 없으니 언젠가는 멈출 겁니다. 그러면 지구는 우주의 역사 속으로 영원히 사라지게 되지요.

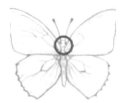

ᛁ 먹그림나비, 아랫면 입
ᛁ 정읍 월령습지, 2019.8.1.
ᛁ 실체현미경 ×34배

물결치는 바다를 헤치고

물결부전나비

물결부전나비의 생태

에코 속보

울진 바닷가에서 물결무늬의 날개옷을 입은 엄지손톱만 한 작은 요정이 떴다. 나비도감을 찾아보니 희한하게도 이름이 물결부전나비다. 제주도와 남서해안 도서지방에만 살았던 나비가 최근 기후 온난화의 영향으로 점차 북상하고 있다. 신기한 것은 이들이 물결치는 동서 해안의 바닷가를 따라 이동하고 있다는 점이다. 따뜻한 바닷바람을 따라 일렁이는 파도를 타고 날아온 나비임에 틀림없다.

〈기후여행신문〉, 2021년 9월 22일, 송국 기자-

온난화의 물결 따라

물결부전나비_Lampides boeticus_는 지금으로부터 약 2천5백만여 년 전 신생대 제3기 팔레오기의 후기에 출현하였습니다. 이후 신생대 제4기의 250만 년 전부터 시작되는 플라이스토세_Pleistocene Epoch 洪積世_의 한랭한 빙하기와 온난한 간빙기를 여러 번 거치며 해수면의 상승과 하강, 기후대의 이동 등 극심한 기후환경 변화에 적응하며 진화를 거듭해왔는데요. 이들은 일본, 대만, 중국남부, 동남아시아, 오스트레일리아, 유럽, 아프리카 등 전 세계적으로 온난대 지역에 넓게 분포하여 서식하고 있습니다.

물결부전나비 애벌레의 먹이식물은 편두, 칡, 팥, 고삼 등 콩과식물입니다. 특히 봄부터 늦가을까지 자라는 편두_{일명 제비콩, 까치콩}의 꽃과 콩깍지 속의 콩을 먹고 자라죠. 성충은 날개를 편 길이가 2.5~3cm로 초봄부터 늦가을까지 여러 번 발생하는데요, 이들은 꽃에서 꿀을 빨며 생활합니다. 겨울에도 나비 상태로 낙엽이나 덤불 속에서 혹독한 추위를 견디며 동면한 후 이듬해 봄에 깨어납니다.

| 편두꽃을 먹고 있는 물결부전나비 3령 애벌레

80여 년 전 석주명 선생이 채집하였던 기록을 보면 제주도와 전라남도, 충청남도, 경기도 해안가의 섬 지역에만 국지적으로 서식하였음을 알 수 있습니다. 하지만 지금은 기온 등의 여러 조건 변화로 인해 이 네

개 지역을 포함하여 경상남도의 남해안 섬 지역과 전라북도 고창, 인천 강화도, 경상북도 울진 등 여덟 개 지역의 해안가를 중심으로 몇몇 지역에 한정하여 서식지를 확장해가고 있습니다. 앞으로 경기도 내륙과 북쪽으로 분포 확대가 예상되어 환경부에서는 「국가 기후변화 생물지표 나비」로 지정하여 관리하고 있습니다.

물결부전나비의 이름을 지은 사람도 나비학자 석주명 선생입니다. 그는 날개 안쪽에 갈색의 물결무늬가 있는 것을 보고 이 점을 특징으로 삼아 이름을 지었다고 해요. 우리나라에는 '물결'이란 이름이 들어간 나비로 물결나비, 석물결나비, 애물결나비를 포함하여 모두 4종이

| 물결부전나비(담양 에코센터, 2021.7.7.)

있습니다. 모두 다 날개를 접고 앉았을 때 물결무늬가 잘 보이도록 날개 뒷면에 그림을 그려놓았죠.

물결부전나비는 물결치는 바다를 바라보며 옹기종기 모여 있는 섬마을 어귀에 많이 살고 있어요. 지금은 주로 바닷가에 서식하고 있지만 언젠가는 온난화의 물결을 따라 내륙으로, 북쪽으로 갈 수밖에 없겠지요. 기약 없이 떠나야만 하는 운명을 지닌 애처로운 나비입니다. 그나마 해안은 해양성 기후의 영향으로 내륙보다 따뜻하므로 온난대성 나비인 이 친구가 적응하기엔 훨씬 수월할 것입니다.

해안가 마을에서는 논이나 밭으로 쓸 땅이 절대적으로 부족해서 주로 벼랑에 밭을 일궈요. 그러고는 척박한 땅의 땅심을 높여주기 위해 식물성 단백질과 지방이 풍부한 밭작물인 콩을 심습니다. 콩 뿌리와 공생하는 뿌리혹박테리아는 공기 중에 있는 질소를 뿌리에 고정하여 땅을 기름지게 해주거든요. 특히 애벌레가 좋아하는 먹이 중에서 편두는 해변에 야생으로도 많이 자생하므로 물결부전나비의 서식지가 되기에 안성맞춤입니다.

기후 따라 물결 따라

물결부전나비는 제주도 전역과 전남 남해안, 경남 남해안, 전북 고창, 경북 울진, 충남 서산, 인천 강화도 등 일곱 개 권역에서 각 지역의 해안가를 거점으로 국지적으로 군집 분포를 넓혀가고 있어요. 최근 온난화의 영향으로 서식지 확장 폭이 예상보다 급속하게 빨라지고 있는데,

해안에서 내륙으로 산을 넘고 강을 건너 언젠가 머지않은 날, 전국 어디서나 이 친구들을 볼 수 있을 것으로 예상됩니다.

최근 필자가 전라북도의 물결부전나비 서식 생태를 조사해보니, 고창에서 해안선을 따라 군산까지 북상하고 있는 것으로 밝혀졌습니다. 특히 군산의 해안가 섬 지역인 고군산 군도의 선유도에 집단 서식하고 있는 것이 확인되어 기후변화에 의한 서식지 확장 속도가 점점 빨라지고 있음을 확인할 수 있었습니다. 고군산 군도는 무녀도, 선유도, 신시도, 방축도 등 60여 개의 섬이 무리를 지어 옹기종기 모여 있는 군산의 아름다운 해상공원입니다. 머지않아 물결부전나비들이 섬과 섬 사이의 바다 물결을 넘어 고군산 군도 전역에서 아름다운 춤사위를 보여줄 것 같아요.

나머지 제주도를 제외한 경기, 인천, 충남, 경북, 경남, 전남 등 여섯 개 권역에서도 각 지역의 해안가를 거점으로 국지적으로 서식지 확장 폭이 급속하게 빨라지고 있는데요. 언젠가 물결부전나비는 햇살에 비치는 물비늘 위로 흐르는 따뜻한 바람을 타고 내륙의 강을 건너 서식지를 확장할 것으로 예상됩니다.

물결부전나비는 수천 킬로미터가 넘는 동남아시아에서 바다를 건너 장거리를 이동해 우리나라에 온 나비입니다. 따뜻한 바람을 타고 내륙의 강을 건너는 것은 이들에겐 식은 죽 먹기나 마찬가지입니다. 전남 남해안에 살고 있던 친구들은 섬진강을 건너 위로 올라갈 것입니다. 또 한편으론 영산강과 금강을 건너 동쪽으로, 낙동강변을 따라 좌우

| 물결부전나비(전남 여수, 2003.11.4.)

로 왔다 갔다 건너다니며 중부내륙으로 확장해갈 테고, 더 나아가 남한강을 건너 내륙으로, 북한강을 건너 북으로 가겠지요. 기후 따라 물결 따라 강물을 헤쳐나갈 겁니다.

생존전략의 비밀

물결부전나비는 주변 나뭇잎이나 꽃에 앉아 있을 때 가만히 있지 않고 뒷날개를 위아래로 천천히 비벼대는 습성이 있어요. 미풍에 흔들리는 잎이나 꽃과 한몸이 되어 의태의 마술을 부린답니다. 이렇게 하면 천적인 새의 눈을 홀려 잘 보이지 않는 효과를 낼 수 있어요.

설령 새의 눈에 발견되었다 해도 2차 생존전략이 준비되어 있으니 크게 걱정하지 않아도 됩니다. 뒷날개의 검은색 꼬리 끝에 흰색이 선명하게 찍혀 있는 게 남의 눈에는 마치 더듬이처럼 보일 텐데요. 이렇게 더듬이로 위장한 1쌍의 꼬리 아래를 보면 주황색 바탕에 검은색 눈알 무늬가 있거든요? 그런데 천적은 이 부위를 머리로 착각합니다. 새들에겐 나비의 머리 쪽을 공격하여 일시에 제압하려는 습성이 있는데, 물결부전나비는 바로 새들의 이런 특성을 이용하는 거예요. 즉 위장더듬이를 쪼게 하여 생명에는 지장이 없는 날개만 일부 떨어져 나가게 하고, 그 대신 몸을 보호하여 자손 번식을 꾀하는 겁니다. 마치 도마뱀의 꼬리를 잡았을 때 녀석들이 꼬리만 쏙 떼어내고 도망가는 것처럼요.

석주명 선생은 나비 이름을 지을 때 나비의 무늬와 색깔, 모양을 기준으로 한국의 토속적이고 서정적인 낱말들을 선택하였습니다. 특히 무늬를 표현할 때 "물결, 알락, 줄, 띠, 점, 박이" 등을 낱말 앞뒤에 붙여 나비의 특징을 살렸습니다. 나비에 대하여 잘 모르는 사람도 나비 이름만 들으면 나비의 모습을 짐작할 수 있도록요.

동물의 왕국에는 물결무늬와 비슷한 줄무늬 문양을 가진 동물들이 꽤 있습니다. 대개 초식동물들이 많은데요, 대표적인 것이 얼룩말이죠. 그 밖에 호랑이, 멧돼지 새끼, 푸른큰수리팔랑나비 애벌레, 열대어 나비고기 등 무수히 많습니다. 군대에서는 이런 생물들의 의태를 본떠 해병대나 공수부대 등 특수부대 전투복을 개발하기도 해요. 얼룩무늬 위장복이 대표적입니다. 이 모든 것이 생존을 위한 무늬 진화의 진수랍니다.

생물들은 기후변화에 의해 주변 환경이 바뀌면 자신의 서식처도 따라 변화시키며 터를 잡고 살아왔습니다. 수많은 야생생물이 자연 속에서 인간과 함께 소통하며 살고 있습니다. 가끔 사람의 식량을 훔쳐 먹는 동물들을 제거해야 한다고 올가미나 덫을 놓고 있는데요. 이런 몰지각한 행동을 하지 말아야 우리 모두 더불어 잘 살 수 있습니다.

(좌-1940년대, 우-2022년 현재)

고성
철원
연천
화천 양구
포천 인제
가평 양주 춘천 양양
동두천
의정부 홍천
서울 남양주 강릉
고양 광주 명창
인천 하남 화성 정선
부천 용인 이천 원주 삼척
안성 제천 영월 태백 울릉
당진 천안 진천 충주 단양
태안 서산 이산 음성 봉화 울진
예산 청주 영주 영양
홍성 세종 괴산 문경 예천
청양 공주 보은 안동 청송
보령 대전 옥천 상주 영덕
부여 논산 금산 명동 의성 포항
서천 김천 구미 군위
군산 완주 무주 김천 칠곡 영천 경산
김제 전주 진안 성주 대구 경산
부안 장수 거창 고령 청도 양산
고창 정읍 남원 함양 합천 창녕 밀양 울산
영광 임실 곡성 구례 산청 의령 김해 양산
함평 순창 하동 진주 함안 창원 밀양
광주 사천 고성 부산
목포 나주 광양 통영
신안 강진 보성 순천 남해 거제
해남 장흥 고흥
진도 완도

제주
서귀포

119

날개 확대 사진으로 읽는
기후 생태 환경 이야기

물결부전나비의 빨간색 동그라미 부분을 실체현미경으로 확대한 사진에서
저자가 본 모습과 다른 어떤 모습의 그림이 연상되는지
상상력을 발휘해보세요.

에너지 절약 소재, 광섬유

광섬유는 전반사를 이용한 빛의 전파로 정보를 전달하는 가느다란
유리 섬유입니다. 많은 정보를 먼 거리로 값싸게 전달하는 것을 가능
하게 만들어준 통신기술의 혁신으로 획기적인 에너지 절약 소재입니
다.

| 물결부전나비
| 윗면 오른쪽 뒷날개 미상돌기
| 여수 돌산도, 2003.11.4.
| 실체현미경 ×45배

121

친환경에너지, 부채

부채를 사용하는 것은 탄소의 배출량을 줄여 기후위기에 대응하려는
생활 속 '탄소 다이어트'의 실천입니다. 무더운 여름철에 에어컨을 켜
기보다는 자연의 향기가 서린 친환경 에너지, 부채를 애용하는 멋을
보여줍시다.

| 물결부전나비, 아랫면 오른쪽 뒷날개 기부와 중앙 중부
| 여수 돌산도, 2003.11.4.
| 실체현미경 ×14배

도시의 불빛

도시는 언제부턴가 밤에도 눈을 뜨고 있어요. 눈을 감고 있으면 불안
한가 봅니다. 토끼 눈처럼 빨갛게 충혈되어 있죠. 지치고 피곤하면 잠
시 눈을 감아 보세요. 눈을 감고 있어도 하늘의 별이 보인답니다.

| 물결부전나비, 윗면 왼쪽 앞날개 중앙 중부,
| 2003.11.4. 여수 돌산도
| 실체현미경 ×18배

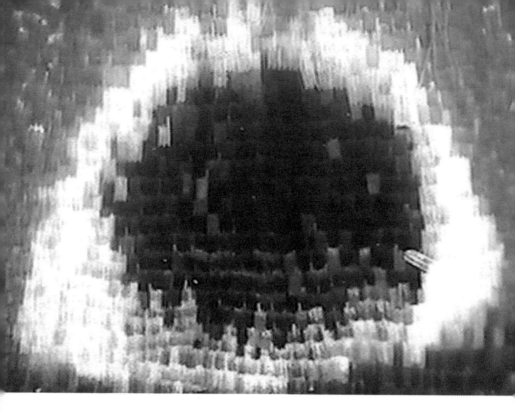

개기일식-금환일식

개기일식은 지구→달→태양이 일직선으로 배열될 때 달이 태양을 완전히 가리는 현상입니다. 달이 태양을 전부를 덮지 못해 반지 모양으로 가려지는 것을 금환일식이라고 합니다. 평소에 맨눈으로 볼 수 없던 홍염이나 코로나를 관측할 수 있어요.

| 물결부전나비, 윗면 왼쪽 뒷날개 외연 하부
| 여수 돌산도, 2003.11.4.
| 실체현미경 ×45배

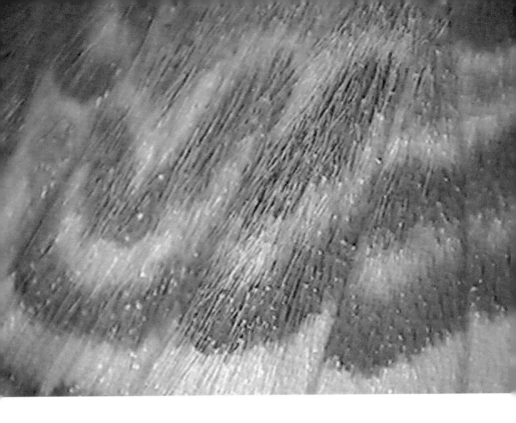

구불구불 사행천

사행천蛇行川은 경사가 완만한 강의 중·하류에서 침식과 퇴적작용이 일어나 물길이 마치 뱀이 기어가는 모습처럼 구불구불 흘러가는 하천 입니다. 흐르는 물의 속도로 안쪽은 진흙과 모래, 자갈 등의 퇴적이 일어나고 바깥쪽은 침식이 일어납니다. 기후에 따른 강우량의 변화로 형성된 지형입니다.

| 물결부전나비, 아랫면 오른쪽 뒷날개 후연 하부
| 여수 돌산도, 2003.11.4.
| 실체현미경 ×20배

125

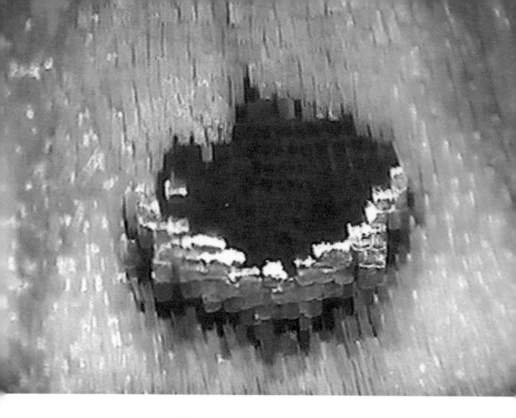

싱크 홀

싱크 홀 Sink hole 은 땅속의 암석이 녹아 침식되거나 지하수가 빠져나가 원통 모양으로 꺼지는 현상입니다. 주로 석회암 지대에서 탄산칼슘 CaCO₂이 지하수에 녹아 형성되지만, 부실공사 때 지반이 가라앉아 사람이 다치기도 해요.

| 물결부전나비, 아랫면 오른쪽 뒷날개 외연 하부
| 여수 돌산도, 2003.11.4.
| 실체현미경 ×45배

126

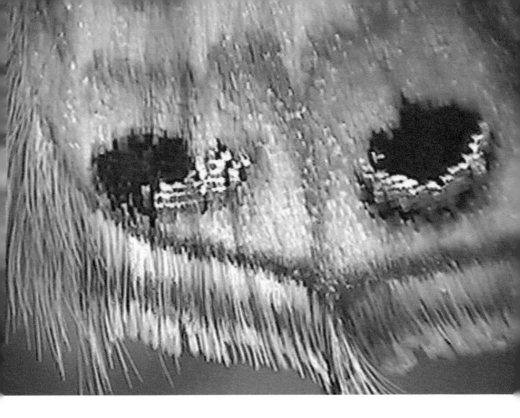

눈물이 그렁그렁

나비가 울고 있나 봐요. 그냥 눈물이 나와요. 도대체 내 마음속 무엇이
나를 이렇게 슬프게 할까요? 나비 날개에 새겨진 문양이 그렁그렁한
진주알 눈물 같아요.

| 물결부전나비, 아랫면 오른쪽 뒷날개 외연 하부
| 여수 돌산도, 2003.11.4.
| 실체현미경 ×20배

물이 나오지 않는 샤워기

세계기상기구$_{WMO}$는 지난 20년 동안 얼음과 지하에 매장된 물의 양이 매년 1cm씩 감소했다고 발표했어요. 기온 상승은 각 지역의 강수량 변화를 초래하여 식량, 건강, 농업의 계절 변화를 가져오기 때문에 물 위기에 대응해야 합니다. 쇠고기 1kg을 얻는 데 사용된 물의 양이 15,000L나 된다니, 고기를 좋아하는 식습관도 한 번쯤 돌아보아야 할 때입니다.

ㅣ 물결부전나비, 아랫면 오른쪽 더듬이
ㅣ 2003.11.4. 여수 돌산도

ㅣ 실체현미경 ×40배

기후 따라 월북하는

푸른큰수리팔랑나비

푸른큰수리팔랑나비의 생태

에코 속보

경기 대부도에 곤충계의 얼룩말이 나타났다. 나도밤나무 잎에 대롱방을 만들고 그 속에서 은신하며 살아가는 푸른큰수리팔랑나비 애벌레다. 이 나비는 1950년 이전에는 제주도, 전라남도, 경상남도, 충청남도 등 남쪽 지방에서만 살았다. 하지만 머지않아 38선을 자유롭게 넘나들며 자유와 평화를 전해주는 나비가 될 것이다. 분명 기후변화가 몰고 온 나비다.

-⟨기후여행신문⟩, 2021년 6월 15일, 송국 기자-

이웃사촌 나비

푸른큰수리팔랑나비_Choaspes benjaminii_는 지금으로부터 약 2천5백만여 년 전 신생대 제3기의 중기에 출현하였습니다. 이후 신생대 제4기의 250만 년 전부터 시작되는 플라이스토세_Pleistocene Epoch 洪積世_의 한랭한 빙하기와 온난한 간빙기를 여러 번 거치며 해수면의 상승과 하강, 기후대의 이동 등 극심한 기후환경 변화에 적응하며 진화를 거듭해온 나비랍니다. 일본, 대만, 중국 남부, 히말라야, 동남아시아, 인도, 스리랑카 등 주로 아시아에 서식하고 있습니다.

푸른큰수리팔랑나비에 대해선 나비학자 석주명 선생이 1947년 「조선생물학회」에 발표한『조선 나비 이름의 유래기』에 다음과 같은 설명이 나옵니다. "조선 이름으로 이 종류의 형태와 생태를 잘 표현한 듯하다. 큰수리팔랑은 북방 것이고 푸른큰수리팔랑은 남방 것이다.'라고 기록되어 있습니다. 이 나비가 남방계 나비임을 확실하게 구분하여 정의해놓은 것입니다.

선생이 이 나비 이름의 유래기에는 설명하지 않았지만 '큰수리팔랑나비'의 설명에서는 '독수리의 맛이 든 푸른큰수리'라고 기록되어 있습니다. 이 녀석은 독수리처럼 하늘 높이 솟구쳐 날아올라 높은 하늘에서 빙빙 도는 행동을 자주 보여줍니다. 또한 현미경으로 이 나비를

| 풀잎에 앉아 있는 **푸른큰수리팔랑나비**

확대해서 보면 독수리 깃털처럼 온몸이 털로 덮여 있음을 알 수 있어요. 이러한 행동생태와 모습까지도 잘 반영한 이름이라고 생각됩니다.

선생의 유고집 『한국산 접류 분포도』를 보면 1950년 이전에는 제주도, 전라남도, 경상남도, 충청남도 등 남쪽 지방에서만 채집된 기록이 있습니다. 현재는 태안반도와 경기도 서해안 도서지방까지 올라와 서식하고 있으나 기온 등의 변화로 인해 북쪽으로 분포 확대가 예상되어 환경부에서는 「국가 기후변화 생물지표 나비」로 지정하여 관리하고 있습니다.

푸른큰수리팔랑나비는 먹그림나비와 같이 애벌레의 먹이식물인 나도밤나무과의 합다리나무와 나도밤나무를 함께 공유하고 있어요. 보통 나비가 같은 과科, family인 가족일 경우 애벌레의 먹이식물이 같을 수는 있지만, 먹그림나비는 네발나비과이고 푸른큰수리팔랑나비는 팔랑나비과라서 분류학적으로 절대 가까운 관계가 아닌데도 말입니다. 그런데도 이들 두 종은 5월부터 8월까지 1년에 두 번 똑같은 시기에 나타나서 같은 나뭇잎을 사이좋게 갉아먹고 자라는 특이한 먹이생태를 보여줘요. 그야말로 진정한 이웃사촌 나비입니다. 같은 동네에서 어렵고 슬픈 일이 있을 때, 도와주고 위로하며 콩 한 쪽이라도 나눠 먹는 것이 우리 이웃의 정이 아닌가요? 비록 형제자매처럼 피를 나누진 않았어도 말입니다.

기후변화에 의해 온난대계열인 합다리나무는 충청 이남에서 위쪽으로 분포를 확대하고 있고, 온대계열인 나도밤나무 역시 남한을 넘어 북쪽으로 이동하여 월북하고 있어요. 어떻게 보면 먹그림나비와 푸른 큰수리팔랑나비를 두 종의 나무가 서로 밀고 당기며 북으로 쌍끌이하고 있는 실정이랍니다.

애벌레의 특화된 방어기술, 집짓기

알에서 깨어난 애벌레는 잎 가장자리로 이동하여 커가는 자기 몸에 맞게 잎을 마름질하여 동그랗게 잎을 말아 대롱방*을 만들고 그 속에서 생활합니다. 비가 오거나 강한 바람이 부는 날씨 변화에 대응하고 햇빛으로부터 몸을 보호하기 위해서죠. 하지만 이보다 더 중요한 이유는 천적으로부터 잡아먹히지 않기 위해 은신처를 확보하기 위해서랍니다. 마치 무인도에 떨어진 사람들이 생존하기 위해 기발한 집짓기 아이디어를 내는 것처럼요. 그런데 이런 전략은 본능이라기보다 비상사태에 능동적으로 대비하기 위해 특화된 자기방어 기술을 개발한 것이라고 볼 수 있습니다.

* 대롱방: 대통의 토막처럼 생긴 가느스름한 관 모양으로 둥글게 만든 애벌레의 방을 뜻하는 필자의 신조어다.

곤충계의 얼룩말인 애벌레는 주황색의 머리에 이마와 눈, 코, 양쪽 볼에 연지를 찍어놓은 모습으로 6개의 검은색 점이 있어요. 새 같은 천적이 밖에서 대롱방 속을 쳐다볼 때 강렬한 주황색에 새까만 반점이 있어 시야에 확 들어와 움찔할 겁니다.

몸은 흑백의 마디가 10개로 나누어져 있어요. 마치 검은색 원통형의 몸에 하얀 명주실을 칭칭 감아놓은 것 같습니다. 대부분 한 마디가 5가닥으로 칠해져 있지만 머리 쪽으로 갈수록 가닥의 수가 줄어듭니다. 이런 모습은 검은색의 멜라닌 색소와 흰색의 생화학적 조합으로 아름다움을 뽐내기 위한 치장이 아닙니다. 오히려 천적이 멀리서 볼 때 흑백이 어른거려 흐리게 보이게 하는 전략적 보호색 효과를 노리는 것입니다. 생존을 위한 위장과 의태에서 무늬진화의 진수를 보여주다니, 참으로 놀랍지요?

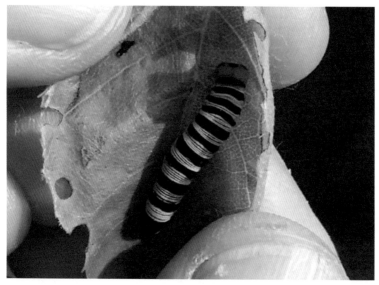

| 나도밤나무 잎을 말아 숨어 있는 푸른큰수리팔랑나비 애벌레(담양 가마골생태공원, 2016.6.11.)

한 치의 오차도 없이 집을 만드는 애벌레의 이런 행동과 몸을 치장하는 모습이 우리 인간에겐 벌레의 습성이나 본능으로 보일 수 있습니다. 정말 그럴까요? 이 친구는 무려 수천만 년 전에 지구상에 출현했습니다. 그러고는 지금까지 살아남기 위하여 기후변화와 천적에 대응하며 진화를 거듭해왔습니다. 기껏해야 백만 년 역사밖에 갖지 못한 인간에 비하면 정말 대단한 생명체입니다. 신출내기 생물인 인간이 어찌 '나비의 꿈' 같은 삶의 깊은 뜻을 알겠어요?

서바이벌 생존게임

성충은 날개를 편 길이가 4~4.5cm로 팔랑나비과 중에서 가장 큰 나비에 속합니다. 이동 속도가 빨라 온난화되어 가고 있는 기후변화와 함께 빠른 속도로 북상하고 있는데요. 특히 앞날개의 앞쪽 가장자리前緣(전연)와 가장자리 둘레外緣(외연) 사이의 날개 끝翅頂(시정)이 약 35° 정도의 예각으로 되어 있습니다. 이런 날개구조는 바람의 저항을 최대한 적게 받으며 공기의 흐름이 빠른 높은 상공을 제트기처럼 빠르게 치솟게 해줍니다.

푸른큰수리팔랑나비는 매나 수리과의 맹금류처럼 머리를 최대한 치켜들고 날아가는 코브라나 몽구스 기동, 360° 회전의 쿨비트 기동, 바람에 낙엽이 지듯 몸을 제멋대로 놔두는 무중력 기동 등 여러 가지 공중전을 벌이는 전투비행 기동 능력을 보여줍니다. 때로는 직진뿐만 아니라 사선을 면도칼처럼 잘라 좌우로 꺾어 날아가는 지그재그 기동

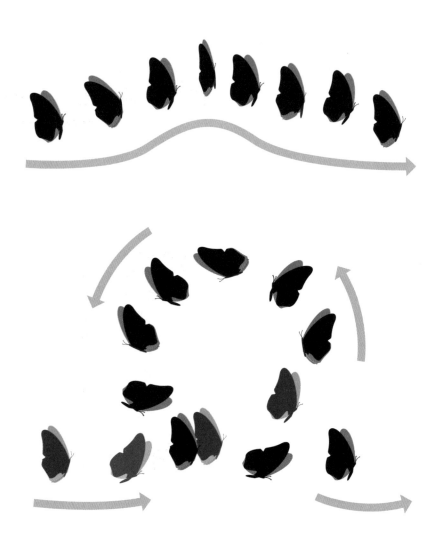

| 코브라와 몽구스기동(위), 쿨비트 기동(아래)

| 푸른큰수리팔랑나비(순천 조계산, 2016.7.30.)

의 묘기로 에어쇼의 진수를 보여주기도 합니다.

　이 친구는 공군의 전투기처럼 공중에서 편대비행을 하지 않아요. 원을 그리듯 빠르게 날며 다른 수컷의 접근을 막는 초계비행*을 합니다. 자신만의 독특한 DNA를 다음 세대에게 물려주고픈 종족보존 본능 때문에 텃세를 부리는 모습이죠. 이러한 행동 습성은 다른 개체와 싸우기 위한 전투비행이 아닙니다. 단지 겁만 주어 접근하지 못하게 하는 더부살이 상생의 모습을 연출하는 것이죠. 경쟁자에게도 자손번식 기회의 여지를 남겨준 아름다운 생존경쟁이죠?

　＊ 초계비행: fly on patrol, 硝戒飛行, 적의 공습으로부터 특정한 대상물을 보호하기 위한 순찰 비행이다.

기후변화 나비분계선

푸른큰수리팔랑나비는 5월과 6월, 7월과 8월, 1년에 2번 발생하며 엉겅퀴, 나무딸기, 꿀풀, 곰취, 무 등의 산야의 다양한 꽃에서 꿀을 뺍니다. 습한 모래땅에서 물을 먹기도 하며, 새나 동물의 배설물에도 잘 모여들죠. 겨울에는 번데기 상태로 혹독한 추위를 견딥니다.

남북이 분단된 상황에 군사분계선을 두고 총부리를 겨누는 대치 상태에서 같은 동포끼리 오도 가도 못하는 것이 한반도의 현실입니다. 아이러니하게도 기후온난화 때문에 이 친구들은 유유히 북상하여 서부전선 언저리인 기후변화 나비분계선*에 이제 막 도달하였습니다. 이 녀석은 아마도 머지않아 월북하겠지요. 북한 곤충학자들에겐 새로 도착한 이 나비를 관찰하고 연구하는 것이 큰 즐거움이 될 것입니다.

* 나비분계선: 기후변화에 의해 나비들이 이동한 북방 한계선으로 자유롭게 넘나들 수 있는 가상의 선을 일컫는 필자의 신조어다.

현재까지 조사된 남한의 토착 나비는 200여 종입니다. 아쉽게도 북한에만 국지적으로 서식하는 나비는 50여 종만 알려져 있어요. 이 수치는 1950년 남북 분단 이전의 석주명 선생을 비롯한 일부 학자의 연구 자료로 향후 더 증보될 것입니다.

필자는 아직 북한 땅을 밟지 못했습니다. 설령 갔다고 해도 곤충을 채집한다는 것은 꿈도 꾸지 못할 일이죠. 언젠가는 포충망을 들고 자유롭게 곤충 탐구를 할 수 있는 날이 오기를 학수고대하고 있답니다.

푸른큰수리팔랑나비는 한국전쟁 당시 동족상잔의 아픈 사연을 기억하고 있을지도 모릅니다. 우리 할머니 할아버지처럼요. 어쩌면 그들은 북으로 북으로 여행하면서 DNA를 통해 각인된 분단의 상처를 극복할지도 몰라요.

작지만 아름다운 실천

푸른큰수리팔랑나비가 남북을 자유롭게 왕래하며 더불어 살아가는 미덕을 보여줄 수 있도록 미세먼지를 증가시키는 불법 쓰레기를 태우지 않는 작은 실천을 기대해봅니다.

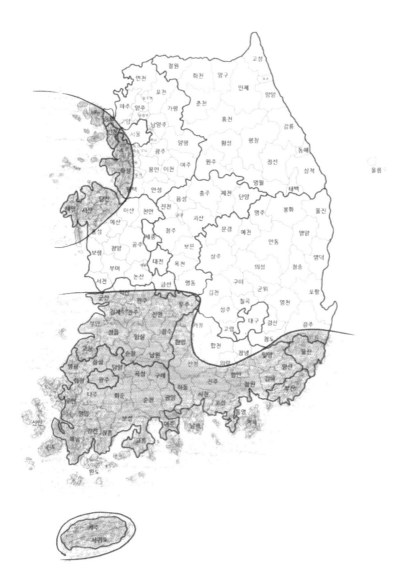

날개 확대 사진으로 읽는
기후 생태 환경 이야기

푸른큰수리팔랑나비의 빨간색 동그라미 부분을 실체현미경으로 확대한 사진에서
저자가 본 모습과 다른 어떤 모습의 그림이 연상되는지
상상력을 발휘해보세요.

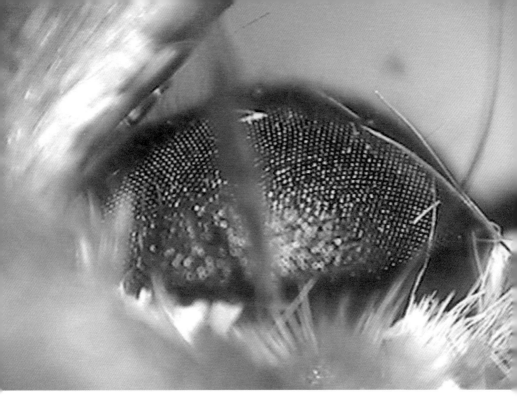

반지의 제왕, 보석

단단하고 아름다운 광물을 보석이라고 합니다. 대부분 고온 고압 상태에서 만들어진 결정구조이기 때문에 지구 깊은 곳에서 만들어져요. 지각 변동에 의하여 지표면으로 나와 있기 때문에 귀하게 대접받지만, 실은 그냥 돌일 뿐이에요.

| 푸른큰수리팔랑나비, 윗면 왼쪽 겹눈
| 순천 조계산, 2016.7.30.
| 실체현미경 ×45배

145

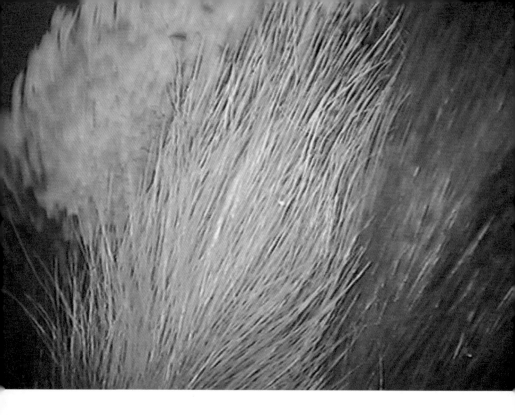

화산 폭발

화산 폭발은 지하 깊은 불덩이 마그마가 분출하여 용암, 화산가스, 화산재 등을 내뿜어요. 지질시대에는 생물 대멸종이 일어나는 등 현재까지 심각한 기후변화를 일으키고 있답니다.

| 푸른큰수리팔랑나비, 윗면 왼쪽 뒷날개 후연
| 2016.7.30. 순천 조계산
| 실체현미경 ×20배

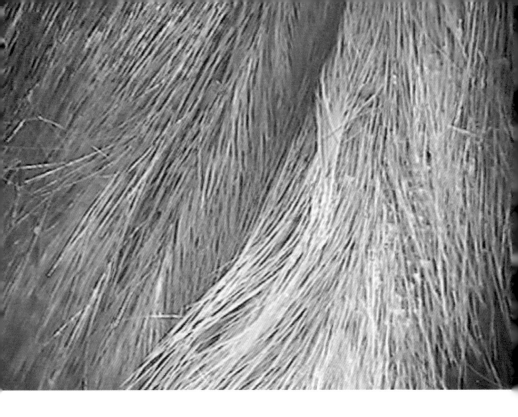

털가죽이 있어 슬픈 짐승이여

인간의 욕심으로 야생동물들의 소중한 생명이 희생되어 개체수가 줄
어들고 있어요. 물건을 살 때 동물 학대와 희생으로 얻어진 동물 털이
나 가죽 소재가 사용되었는지 꼼꼼하게 확인하고 가급적 천연 신소재
제품을 사용하도록 노력해보아요.

| 푸른큰수리팔랑나비, 윗면 왼쪽 뒷날개 후연
| 2016.7.30. 순천 조계산
| 실체현미경 ×20배

미세먼지에 죽어가는 나무

"미세먼지를 줄여주는 식물이 있다?" 사람들은 호들갑을 떨며 인터넷에서 이런 식물들을 사고팔고 있어요. 식물 잎을 현미경으로 보면 작은 털들과 수분, 왁스 등이 있어 공기 중의 미세먼지가 잠시 붙어 있을 수는 있죠. 또한 기공이 있어 물과 이산화탄소를 받아들이고 내뿜기도 하죠. 그런데 한번 생각해보세요. 기공약30㎛으로 미세먼지10㎛이하가 따라 들어가면 식물은 어떻게 될까요?

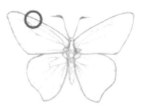

| 푸른큰수리팔랑나비, 윗면 왼쪽 앞날개 전연
| 2016.7.30. 순천 조계산.
148　　| 실체현미경 ×45배

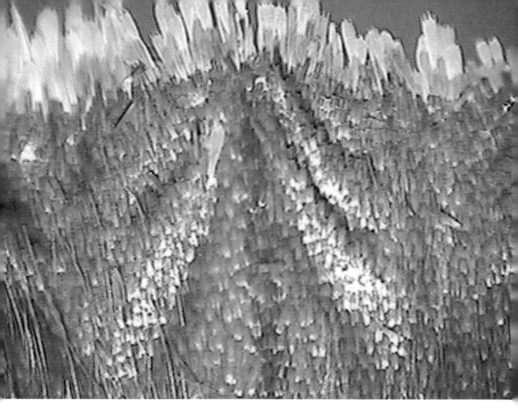

산불 잔해

산불은 지구 온난화를 낮춰주는 생산자 식물과 더불어 살아가는 소비자 야생동물, 분해자인 미생물까지 모두 몰살시켜 먹이 생태계를 일시에 파괴해버립니다. 더불어 미세먼지가 발생하고 기후변화에 영향을 줍니다. 대부분 인간이 일으킨 재난이에요.

| 푸른큰수리팔랑나비
| 윗면 왼쪽 뒷날개 외연 하부
| 2016.7.30. 순천 조계산.
| 실체현미경 ×30배

149

바람의 전설

공기는 바람을 만들어요. 바람은 감정이 복잡한 녀석이에요. 때론 솜
사탕처럼 부드럽고 아이스크림처럼 달콤해요. 껴안고 있으면 시원해
요. 이유 없이 투정도 잘 부려요, 바람은 주저하지 않아요. 성이 나면
앞만 보고 달리는 질주본능이 있어요. 생물도 무생물도 아닌 시공을
초월한 4차원체인가 봐요.

푸른큰수리팔랑나비, 윗면 오른쪽 뒷날개 후연 하부
순천 조계산, 2016.7.30.
실체현미경 ×30배

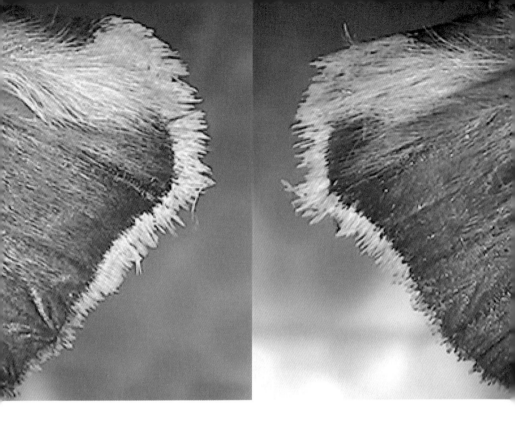

엘니뇨와 라니냐

엘니뇨El Niño는 동태평양중남미 해수면 온도가 평년보다 0.5℃ 이상 높은 상태가 반년 동안 지속되는 현상입니다. 그 영향으로 중남미는 폭우가 내리고 서태평양동남아시아은 가뭄이 듭니다.

라니냐La Niña는 반대로 동태평양중남미 해수면 온도가 평년보다 0.5℃ 이상 낮은 상태가 반년 동안 지속되는 현상입니다. 그 영향으로 중남미는 가뭄이 들고 서태평양동남아시아은 폭우가 내립니다.

| 푸른큰수리팔랑나비, 윗면 왼쪽과 오른쪽 뒷날개 외연과 후연
| 2016.7.30. 순천 조계산
| 실체현미경 ×3.5배

151

기도하는 마음

내 마음 둘 곳이 없으면 기도를 해요. 마음이 울적해도, 마음이 슬퍼도, 마음이 아파도 기도를 해요. 내 마음이 기뻐도 기도를 해야 해요. 마음은 항상 영원히 꼭 하나니까요.

| 푸른큰수리팔랑나비, 아랫면 오른쪽 뒷날개 외연 하부
| 순천 조계산, 2016.7.30.
| 실체현미경 ×15배

은날개는 온풍을 타고

뾰족부전나비

뾰족부전나비의 생태

어디로 튈지 모르는 관심나비

뾰족부전나비 *Curetis acuta* 는 지금으로부터 약 2천5백만여 년 전 신생대 제3기 팔레오기의 후기에 출현하였습니다. 이후 신생대 제4기의 250만 년 전부터 시작되는 플라이스토세 Pleistocene Epoch 洪積世의 한랭한 빙하기와 온난한 간빙기를 여러 번 거치며 해수면의 상승과 하강, 기후대의 이동 등 극심한 기후환경 변화에 적응하며 진화를 거듭해온 나비랍니다. 일본, 대만, 중국 남부, 인도 등지에 서식하는 온난대성 나비죠.

뾰족부전나비 애벌레의 먹이식물_{기주식물}은 칡, 등나무 등의 콩과식물이에요. 애벌레들은 칡꽃이 피는 늦봄에 깨어나 주로 칡꽃을 먹고 자랍니다. 성충은 봄부터 가을까지 2~3회 발생하므로 서식지에서는 자주 볼 수 있어요. 가을이 되면 산란을 멈추고 월동 준비를 하여 겨울에는 나비 상태로 혹독한 추위를 견딥니다.

석주명 선생은 1947년 「조선생물학회」에 발표한 『조선 나비 이름의 유래기』에서 이 나비의 앞날개 끝이 뾰죽하다고 하여 뾰죽부전나비로 이름을 지었습니다(나중에 맞춤법에 따라 뾰족부전나비로 정정했어요). 덧붙여 '그러나 이 나비는 조선서는 한두 마리밖에 잡힌 일이 없다.'고 했는데요. 당시에 이 나비가 미접*_{lost butterfly, 迷蝶}임을 간접적으로 시사한 바 있습니다.

* 미접: '길잃은나비'로 원래 한반도에 살지 않던 동남아시아의 남방계 나비가 태풍이나 선박 등을 통해 잠시 날아와 발견된 나비로 월동을 하지 못한 종을 일컫는다. 비록 알을 낳아 애벌레→번데기→성충의 한 세대를 산다고 해도 추운 겨울을 넘기지 못하면 미접이다.

그 이후 불과 80여 년 만에 기후 온난화의 영향으로 현재 남부지방에서 성충으로 월동하고, 이듬해 봄에 알을 낳아 많은 개체수가 다음 세대를 이어가는 정착종이 되었습니다. 환경부에서는 이 나비를 기온

| 뾰족부전나비(담양 가마골생태공원, 2021.9.1.)

변화로 서식지 분포가 점차 북쪽으로 확대될 것으로 예상하여 「국가
기후변화 생물지표종」 중 후보종으로 지정하여 관리하고 있습니다. 마
치 군대에서 어디로 튈지 모르는, 그러나 달리 뾰족한 관리 방법이 없
는 관심병처럼 뾰족부전나비는 기후생태환경 연구를 위하여 주의 깊
게 관찰해야 할 관심나비랍니다.

이들 애벌레는 주로 칡꽃을 먹는데요, 하필 꽃과 같은 보호색을 띠
므로 꽃봉오리를 자세히 관찰해야 발견할 수 있습니다. 칡의 잎은 추위
에 약하여 늦가을 서리가 내리면 다른 식물에 비하여 제일 먼저 냉해
를 입어 애벌레가 먹을 수 없게 됩니다.

은빛 날개의 마술

나비 날개의 색상과 드러내기는 진화과정에서 매우 중요한 요소입니다. 날개가 어떤 색인지, 노출의 정도와 방향은 어떻게 설정할 것인지에 따라 그 종의 멸종과 생존을 가를 수 있기 때문이에요. 뾰족부전나비는 노출면에서 양면 작전을 구사해왔다고 볼 수 있어요. 앞면은 흑색 바탕에 암컷은 청회색, 수컷은 주황색 무늬로 위장하고, 뒷면은 암수 모두 눈부신 은색으로 치장하여 같은 나비라고는 상상하지 못하게 만듭니다. 이 같은 날개의 색깔 변화야말로 뾰족부전나비가 지질시대를 거쳐 현생에 이르도록 이끌어준 최고의 비밀병기죠. 기후변화와 천적에 대응하며 생존경쟁에서 꿋꿋이 버티게 해준 가장 큰 배경이랍니다.

이 친구들은 날씨가 더우면 태양광선에 뒷면의 새하얀 은빛 날개가 보이도록 수직으로 접어 빛을 반사합니다. 쌀쌀하면 날개를 펼쳐 흑색 바탕이 있는 앞면을 수평으로 하여 빛을 흡수하면서 체온을 조절합니다. 또한 날아갈 때는 은색과 흑색을 번갈아 햇빛에 반사하여 좌우상하로 현란하게 날갯짓을 하는데요. 이런 재주 덕분에 천적에게 잡아먹힐 확률이 줄어들어 종족을 보존할 수 있었던 것입니다.

천적이 볼 때는 햇빛에 반사되는 은빛 날개가 눈이 부실 거예요. 마치 영화 「적벽대전」에서 유비군이 금속 방패 뒷면을 거울처럼 반짝거리게 닦아 조조군이 가까이 오면 햇빛을 향해 돌려놓아 강렬하게 산란散亂한 빛을 발사하여 방어하는 방법과 같은 전법을 보여줍니다. 이 빛은 맹금류의 눈처럼 강렬하고 더 크게 보여 '나에게 접근하면 뭔가

| **뾰족부전나비**(정읍 내장산 갈재, 2019.9.22.)

보여주겠다'라는 신호처럼 느껴집니다.

뾰족부전나비는 날개를 편 길이가 3.5~4cm로 우리나라 부전나비 과 중에서 가장 큽니다. 따라서 이동 속도가 빠를 수밖에 없어요. 애벌 레의 먹이식물인 칡은 특히 한반도 전역에 널려 있는 식물이므로 온난 화에 따라 해마다 굉장히 빠른 속도로 북행을 해도 큰 타격을 입지 않 습니다. 필자가 관찰한 바로는 제주도에서 온풍을 따라 전라남도 남해 안 도서지방은 물론이고, 무등산과 담양을 지나 전라북도 순창 갈재 를 넘어 정읍 월령습지에서도 발견한 적이 있습니다.

전라북도 순창군의 북흥면에서 정읍시 내장동으로 넘어가는 내장 산의 고갯길은 해발 350m의 갈재葛峙였습니다. 칡 '갈', 고개 '재'라는 한자를 사용하고 있는 것으로 보아 칡이 많이 있어 붙여진 이름일 거예요. 지금도 칡이 여기저기 자생하고 있는 것을 보면 뾰족부전나비가 북상하며 넘어가는 나비 길蝶路, 접로임에 틀림없습니다. 애석하게도 갈재는 현재 추령秋嶺으로 개명되어 아쉬움이 남습니다.

학문 융복합의 아이콘, 석주명

제주에는 진짜 걸어 다닐 수 있는 나비길이 있습니다. 제주자치도 서귀포시 토평동 돈내코 나비길입니다. 나비 연구의 대가인 석주명 선생의 발자취를 알 수 있는 탐방길이죠. 토평마을은 선생이 1943년 4월부터 1945년 5월까지 만 2년 동안 '경성제국대학교 부속 생약연구소 제주도시험장'에서 근무했던 곳입니다. 그 당시 선생은 제주도 나비와 방언, 인구, 고문헌 등을 실증적으로 조사 연구하였습니다.

지역적 분포와 상관관계, 유연관계 연구를 자연과학과 인문학을 접목하여 학문 융복합의 시대를 연 선구자였습니다. 석주명 선생은 나비학의 계통을 세우기 위해서는 나비만이 아니라 나비와 관련된 모든 학문을 연구해야 한다고 주장하였습니다. 나비목을 알기 위해서는 그 상위 분류체계인 곤충강⇨절지동물문⇨동물계⇨생물을, 더 나아가 물리, 화학, 지질 등의 자연과학 일반과 자연사를 알아야 한다고 강조했고, 문학, 역사, 철학 등의 인문학과 예술에도 조예가 있어야 한다고 주장했습니다. 실제로 석주명 선생은 나비와 관련된 우리 고전과 미술까지 상세하게 분석한 학문 융복합의 아이콘이었습니다.

나비 연구의 석학인 석주명 선생은 나비 37종을 밝혀내는 과정에서

| 필자가 직접 채집한 남방공작나비(캄보디아 앙코르와트, 2016.4.16.)

남계우 화백의 그림 중 열대나 아열대지방에서 살아가는 남방공작나비가 있는 것을 발견하고 의아해했습니다. 하지만 1947년에 본인이 제주도에서 처음으로 직접 한 마리를 채집해 남방공작나비임을 밝혀내었고, 이 나비가 미접으로 한양까지 날아온 것을 남화백이 채집하여 그렸을 것으로 추정하여 신문*에 글을 남겼습니다.

남계우의 〈화접도〉〈군접화훼도〉〈군접도〉 등 나비 그림들은 조선시대 화가들이 그린 수많은 나비 그림 중에서도 매우 뛰어난 작품으로 인정받고 있는데요. 문화예술과 사료적인 가치뿐만 아니라 당시에 서

---

* 『고려시보高麗時報』 19410101_3

〈고려시보〉에 발표된 석주명 선생의 기고문

식했던 장소, 생생하게 표현된 나비들의 종 동정과 분류를 위한 생태도 감의 기능을 하고 있기 때문입니다. 특히 기후변화에 따른 분포와 서식지에 따른 개체변이와 곤충학의 연구를 위한 학술적 가치까지 갖추어 국보로 등재해도 손색이 없는 작품입니다.

항법추적 장치로 순례하는 순례자

나비 중에서 가장 먼 거리를 여행하는 나비로 작은멋쟁이나비가 있어요. 온대, 아열대, 열대지방에 넓게 분포하여 사는 나비로 우리나라에서는 4월부터 11월까지 활동하며 겨울에도 성충으로 지냅니다. 이 나비는 가을이 되면 무리를 지어 유럽에서 지중해, 북아프리카, 사하라 사막, 중앙아프리카까지 가서 겨울을 보냅니다. 이듬해 갔던 길을 그대로 되돌아와 유럽에서 봄을 맞이하죠. 왕복 약 1만 2,000km의 대장정 나비순례길을 순례하는 순례자랍니다.

또 다른 장거리파 나비는 제왕나비Monarch butterfly(모나크 버터플라이) 입니다. 이 나비는 10만 마리 이상씩 떼를 지어 캐나다 동남부에서부터 멕시코시티 서부 산맥까지 약 5,000km를 이동합니다. 겨울을 나기 위해 할아버지·할머니-아버지·어머니-본인-아들·딸-손자·손녀에 이르기까지 5대를 거쳐 대장정의 여행길에 오릅니다. 돌아갈 때는 자신의 조상들이 오던 그 길을 그대로 간다니, 참으로 신기할 따름이에요. 어떻게 이런 일이 가능할까요? 신비로운 현상의 비밀은 작은 뇌 속에 있는, 지구 자기에 민감한 자철석 분자의 존재로 밝혀졌습니다. 우리

| 작은멋쟁이나비(울진곤충여행관, 2010.10.18.)

인간이 개발한 최첨단 항공우주 기술이라고 하는 항법 장치*가 나비 뇌 속에 들어 있는 거예요.

* 항법장치(Navigation): 항공기나 함정의 위치 정보를 제공하는 장 치로 경로 지시계, 거리 지시계, 강하 지시계, 방위 지시침 등이 있다.

작은멋쟁이나비와 제왕나비는 약 6천5백만 년 전인 신생대 제3기와 제4기에 출현한 나비들입니다. 약 1만8천 년 전의 마지막 빙하기를 혹 독하게 극복하고 기후변화에 민감하게 대응하며 생존한 나비들이죠.

이후 약 1만 년 전부터 현생까지 아프리카와 아메리카의 장거리 나비 길을 개척한 위대한 나비들입니다.

이 나비들이 정든 고향 땅을 뒤로하고 고난의 순례길을 떠나는 것은 당연히 수천만 년 동안 체내에 각인된 기후변화 대응인자 때문입니다. 기후인자 DNA를 세월이라는 강물 속에 실타래처럼 풀어 헤쳐 오늘에 이른 것이라고 볼 수 있어요.

나비는 변온동물입니다. 따라서 한겨울에도 성충인 채로 주위 온도에 어느 정도 적응하며 한 곳에서 살 수 있어요. 그러니 이들 장거리파 나비들이 이동하는 것은 단순히 추위를 피하려고 그러는 게 아닐 것입

| 항해술 연구 곤충, 제왕나비

니다. 여기엔 또 다른 이유가 있습니다.

첫째, 토착지역에서 발생하는 풍토병을 피하기 위해서예요. 오랫동안 한 지역에 모여 살다 보면 질병이 창궐할 여지가 많거든요.

둘째, 애벌레의 먹이식물은 같은 종일지라도 분포 지역에 따라 유전적으로 다양한 인자가 함유되게 마련이어서 자손에게 다변화된 먹거리를 제공하게 됩니다. 따라서 장거리 이동을 하면 지속가능한 환경적응 능력을 배양할 수 있게 되지요.

셋째, 이동 중에 여러 기착지에서 유전적으로 다양한 개체와 만나 짝짓기를 함으로써 유전적 다양성을 지닌 건강한 자손 번식의 기회를 포착할 수도 있습니다. 이 역시 나름의 생존전략이죠.

작지만 아름다운 실천

뾰족부전나비는 지질시대부터 현생에 이르기까지 기후변화와 천적에 대응하며 생존경쟁에서 꿋꿋이 버티며 살아오고 있습니다. 이런 은빛 날개 마술을 부리는 친구들이 우리와 함께 더불어 살아갈 수 있도록 이제부터라도 온실가스의 주범인 자동차를 적게 타고 가급적 걸어다니는 작은 실천을 기대해봅니다.

뾰족부전나비 서식 분포도

(좌-1940년대, 우-2022년 현재)

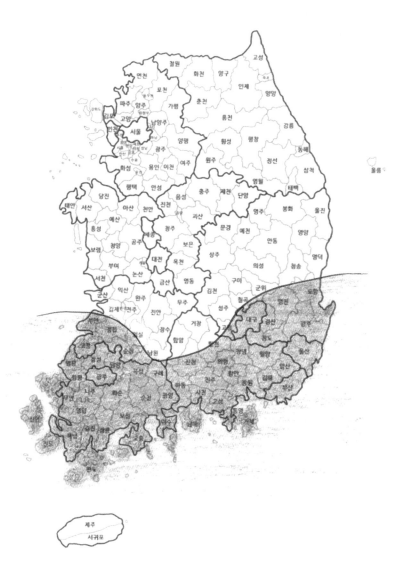

날개 확대 사진으로 읽는
기후 생태 환경 이야기

뾰족부전나비의 빨간색 동그라미 부분을 실체현미경으로 확대한 사진에서
저자가 본 모습과 다른 어떤 모습의 그림이 연상되는지
상상력을 발휘해보세요.

송유관 파열

송유관은 원유나 석유제품 등을 유전, 정유소, 항만 등으로 보내기 위하여 쓰이는 관입니다. 최근 노후된 송유관이 안전에 문제가 있어 '송유관 안전관리법'이 제정되었어요. 석유는 탄소물질 화석연료로 누출되면 화재와 심각한 환경오염을 일으킵니다.

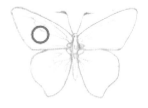

| 뾰족부전나비, 윗면 왼쪽 앞날개 중앙 중부
| 광주 무등산, 2019.9.18.
| 실체현미경 ×28배

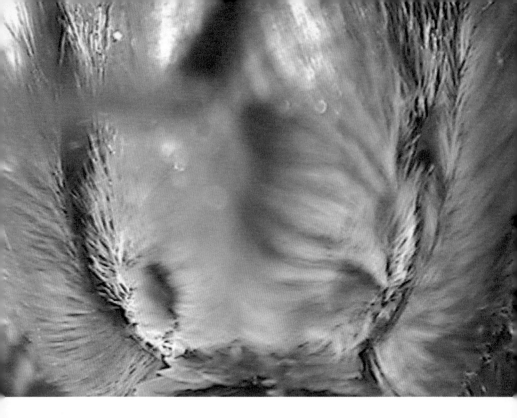

해저 열수공

열수공은 주로 지각변동에 의한 불의 고리 환태평양대의 바다 깊은 곳에서 화산활동에 의해 갈라진 틈으로 데워진 물이 분출한 것입니다. 300℃ 이상의 열수공 주변에도 화학물질을 분해하는 박테리아와 연체동물, 갑각류 등 수많은 생물이 살고 있어요.

| 뽀족부전나비, 윗면 등가슴 부위
| 광주 무등산, 2019.9.18.
　| 실체현미경 ×25배

빙하의 눈물

지구 온난화로 기온이 상승하여 빙하가 녹고 있어요. 태양 빛을 반사하는 흰색의 얼음이 녹아내리면 태양에너지의 흡수율이 높아지고 녹는 속도가 점점 더 빨라져 빙하의 눈물은 강물처럼 흘러 바다로 갑니다. 해수면이 낮은 남태평양의 키리바시, 투발루 등은 바다가 넘쳐서 시민들이 눈물을 머금고 나라를 떠나고 있어요.

뾰족부전나비, 아랫면 오른쪽 앞날개 후연과 뒷날개 전면
광주 무등산, 2019.9.18.
실체현미경 ×20배

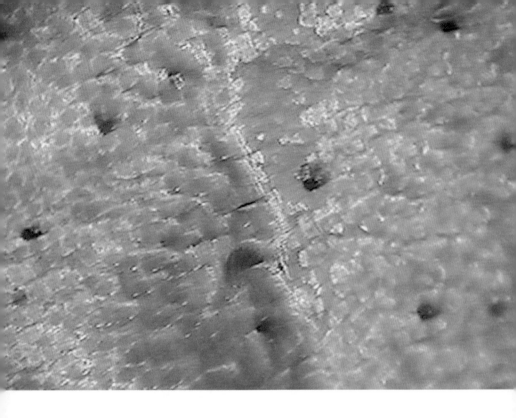

얼음 위의 검댕

꽁꽁 언 바다가 녹고 있어요. 검은색의 먼지, '검댕'이 북극의 얼음바다를 더 빨리 녹게 부추기고 있어요. 어릴 때 돋보기를 가지고 놀던 기억이 생생히 나요. 흰색과 검은색 색종이에 초점을 맞추면 검은색이 먼저 탄다는 것을. 검은색은 햇빛을 흡수하거든요. 북극의 얼음이 녹으면 북극곰만 사라지는 것이 아닙니다.

| 뾰족부전나비, 아랫면 왼쪽 뒷날개 중앙 중부
| 광주 무등산, 2019.9.18.
| 실체현미경 ×40배

서귀포 대포동 주상절리

주상절리는 화산 분출 후 용암 표면의 균등한 수축으로 생긴 수직 방향의 다각형 돌기둥으로 된 현무암이에요. 대포동 주상절리는 형성과정 중에 일어났던 해수면 변동과 구조운동 등을 학술적으로 연구하는데 중요한 자연자원으로 천연기념물 제443호로 지정·보호되고 있어요.

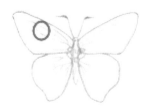

| 뾰족부전나비, 윗면 왼쪽 앞날개 중앙 상부
| 광주 무등산, 2019.9.18.
| 실체현미경 ×45배

해일에 난파된 배

해일은 바다 밑에서 일어나는 지진과 화산활동, 태풍, 산사태, 빙하 붕괴, 운석 충돌 등에 의하여 갑자기 파도가 크게 일어나 육지로 넘쳐 들어오는 것을 말합니다. 바닷물의 양이 늘어나는 것이 아니고 단지 파장이 길고 파고가 높아 에너지가 클 뿐이에요.

| **뽀족부전나비**, 윗면 오른쪽 앞날개 아외연 상부
| 광주 무등산, 2019.9.18.
| 실체현미경 ×45배
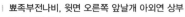

바다 사막화

지구 온난화로 바닷물 온도가 높아지면 해조류가 사라지고, 그 자리에 산호말 같은 석회조류가 번식합니다. 다시마나 미역은 달라붙을 장소를 잃어 바다가 하얗게 사막화되고 있어요. 무분별한 연안 개발과 해양 오염, 기후 온난화로 바닷속이 황폐해지고 있어요.

| 뽀족부전나비, 윗면 등가슴 왼쪽 부위
| 광주 무등산, 2019.9.18.
| 실체현미경 ×45배

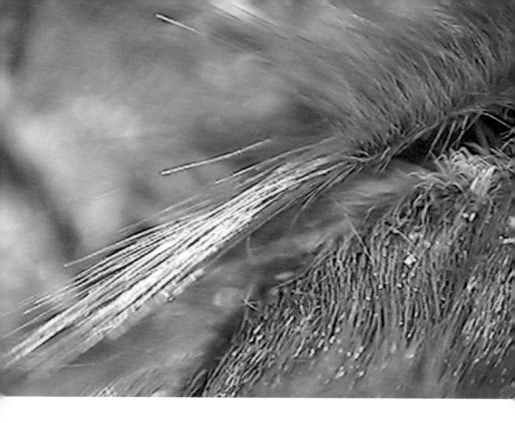

자동차 배기가스

자동차 배기가스의 대부분은 지구온난화를 일으키는 이산화탄소입니다. 환경부에서는 인체에 해로운 일산화탄소$_{CO}$, 탄화수소$_{HC}$, 질소산화물$_{NOx}$, 매연을 '자동차 배기가스 농도 기준'에 따라 '자동차 배출가스 등급제'를 시행하여 5등급 자동차의 통행을 일부 제한하고 있어요.

| 뾰족부전나비, 윗면 등가슴 왼쪽 하부
| 광주 무등산, 2019.9.18.
| 실체현미경 ×33배

178

소철바라기

소철꼬리부전나비

소철꼬리부전나비의 생태

에코 속보

서귀포 앞바다 하늘을 보니 비구름이 잔뜩 몰려오고 있다. '조만간 비가 내릴 것 같다'고 생각했더니 피할 틈도 없이 빗방울이 앞동질러 '후두둑' 떨어진다. 그때 놀라운 장면을 목격했다. 엄지손톱만 한 작은 나비가 비바람이 몰아치는 모진 날씨 속에서 소철 잎사귀를 붙들고 꿋꿋이 버티고 있는 것 아닌가? 소철 주변에서만 볼 수 있는 소철바라기, 속칭 소철 껌딱지 나비다. 나비 중에서도 애벌레가 먹는 먹이식물인 소철만 먹고 살기 때문에 이름에 소철이 붙여진 소철꼬리부전나비다.

－〈기후여행신문〉, 2021년 8월 21일, 송국 기자－

소철 껌딱지 나비

소철꼬리부전나비_Chilades pandava_ 는 지금으로부터 약 2천5백만여 년 전 신생대 제3기의 중기에 출현했습니다. 이후 신생대 제4기의 빙하기와 간빙기를 여러 번 거치며 해수면의 상승과 하강, 기후대의 이동 등 극심한 기후환경 변화에 적응하며 진화를 거듭해왔답니다. 이들의 주요 서식지는 중국 남부, 대만, 동남아시아, 인도입니다.

우리나라 나비 이름은 대부분 나비학자 석주명 선생이 짓고 1947년

4월 5일 조선생물학회를 통과시켜 지금까지 사용하고 있는데요. 나비 이름이 지어진 유래를 알면 기후변화와 연관지어 이동 경로와 서식 분포 및 생태를 이해하기가 쉽습니다. 「기후변화 지표나비」 10종 중 9종 역시 석주명 선생이 이름을 붙였지만, 소철꼬리부전나비는 당시에 발견되지 않아 이름이 없었습니다. 최근에 지구 온난화로 제주도에 미접으로 왔다가 2006년 처음 기록 등재*되어 지금의 이름을 갖게 되었습니다.

소철꼬리부전나비는 애벌레의 먹이식물인 소철과 꼬리모양돌기의

---

* 　주홍재

특징을 합쳐 지은 이름입니다. 최근까지 미접으로 취급되었지만 현재
는 제주특별자치도 전역에 서식하면서 월동이 확인되어 정착종이 되
었어요. 기온 등의 변화로 인해 소철 따라 상륙작전을 펼치듯 남해안
과 내륙으로 분포 확대가 예상되어 환경부에서는 「국가 기후변화 생물
지표 나비」 후보종으로 지정하여 관리하고 있습니다.

애벌레의 먹이식물은 소철이 유일합니다. 암컷 나비는 매년 6월 초,
소철의 새순이나 여린 잎에 알을 낳아요. 알에서 깨어난 애벌레는 소
철의 새순을 파고 들어가거나 잎살을 갉아 먹다가 잎자루 아래에서
휴식을 취하기도 합니다.

성충은 날개를 편 길이가 2~2.5cm로 크기가 엄지손톱만 한 작은 나비랍니다. 주로 소철에서 반경 10m를 벗어나지 않고 소철 주변에서 맴돌며 생활하죠. 심지어 비가 오는 궂은 날씨에도 소철 잎사귀에 앉아있는 모습이 자주 관찰됩니다. 주로 7월부터 10월에 활동하며 나비 상태로 겨울을 지내죠. 오로지 소철 주변에서만 볼 수 있는 소철바라기인 만큼 별명도 소철 껌딱지입니다. 자나 깨나 소철 주위만 맴도는 나비예요.

소철은 은행나무, 담양의 명품 가로수 길을 이룬 메타세쿼이아와 함께 살아있는 3대 화석식물로 불립니다. 은행나무처럼 암수딴그루로 꽃도 따로 피죠. 지금으로부터 약 2억 7천만 년 전인 고생대 페름기*부터 수많은 기후변화에 적응하며 꿋꿋이 살아온 전설적인 식물입니다. 현재는 제주도에서만 볼 수 있는데요, 기후 온난화의 영향으로 일부 남해안에도 식재되어 잘 적응하고 있습니다. 조만간 먹이식물인 소철을 따라 소철꼬리부전나비도 남해안으로 상륙하겠지요?

* 페름기(Permian Period): 약 2억 9900만 년 전부터 2억 5100만 년 전까지의 고생대 마지막 시기로 이첩기(二疊紀)라고도 한다. 후기에 지구 온난화와 운석충돌, 화산폭발로 인해 생물종의 96%가 사라진 3차 대멸종이 일어났다. '페름'이라는 이름은 러시아 페름 지방에서 따왔다.

빗속의 고독한 영혼

이 책에 사용할 소철꼬리부전나비의 부분 확대 현미경 속 사진을 찍어야겠기에 표본이 필요했습니다. 그런데 필자에게는 이 나비의 표본이 없었어요. 부득이하게 제주도로 채집을 떠나야 했습니다. 소철꼬리부전나비는 제주도에서만 살고 있으니까요. 비행기 표를 예약하고 기다리는데 제주도 기상이 점점 나빠지고 있다는 보도가 연일 이어졌습니다. 마음이 점점 타들어가던 중 출발 당일 담양 날씨가 맑아서 '내일은 제주도 날씨도 좋겠지' 하는 막연한 마음으로 저녁 비행기에 올랐지요.

다음 날 노심초사하며 일찍 잠에서 깨어나 하늘을 보니 비구름이 잔뜩 낀 모습이 금방이라도 비가 내릴 것 같았습니다. 걱정이 앞선 필자는 부랴부랴 서귀포로 떠났어요. 소철꼬리부전나비는 7월~8월과 9월~10월 두 번 발생하는데, 7월~8월에는 대부분이 서귀포에서만 관찰됩니다.

서귀포시 K호텔 앞 정원에 소철이 있다는 정보를 입수한 터라 서둘러 갔는데요, 웬걸, 어찌나 비바람이 세던지 나비고 뭐고 곧바로 음식점으로 차를 돌려야 했습니다. 하지만 가는 날이 장날이라고 하필 음식점마저 문을 닫은 거예요. 이번 기회는 날씨 때문에 소철꼬리부전나비 관찰과 채집이 어렵겠다고 포기하고 차를 돌리는 순간 차창 밖에 꽃잎 같은 작은 물체가 비바람에 날리는 게 아니겠어요? 창문을 여니 분명 엄지손톱만 한 나비, 소철꼬리부전나비였습니다. 그제야 살펴보니 음식점 화단에 소철이 세 그루 있었습니다. 그곳에 앉아있던 녀석이 차가 다가가니 깜짝 놀라 빗속을 날았던 것입니다.

얼른 포충망을 들고 나가 채집을 하고 있는데 때마침 건물주가 나와 자신이 이곳 토박이라면서 이런저런 이야기를 들려주었습니다. 석주명 선생이 생전에 근무했던 '경성제국대학교 부속 생약연구소 제주도시험장'이 이 근처라며 그곳에 석주명나비박물관을 짓는다는 소식도 전해주었습니다. 그 이야기를 듣고 가슴이 뭉클했지요.

대부분의 나비는 오전 10시경이 되어야 나타납니다. 하지만 날씨가 흐리면 날지 않기 때문에 나비를 보기가 힘들어요. 나비들은 기상변화에 매우 민감하기 때문입니다. 기압이 낮아 비가 오려고 하면 벌써 체내에서 기상 현상을 감지할 만큼 나비의 감각은 예민합니다. 온몸에 난 털과 더듬이, 피부세포들이 미세한 공기의 흐름과 대기의 밀도 차이 등을 느껴 매 순간 기압과 온도의 변화를 감지합니다. 정말 섬세하지요?

산안개가 솜털처럼 부드러운 바람의 소리로 서곡을 알리면 나비들은 숲속으로 떠날 준비를 합니다. 나뭇잎 뒤로 숨거나 바위틈에 몸을 맡겨요. 바람이 몰아치고 먹구름이 몰려오면 그 많던 나비들이 사라져 한 마리도 보이지 않게 되는 이유랍니다.

그런데 소철꼬리부전나비는 날씨 변화가 심한 상황에서도 멀리 날아가지 않고 소철 주변에서 맴돌곤 합니다. 비가 오는데도 소철을 붙잡고 꿋꿋이 버티고 있어요. 이 친구에게는 고향인 아열대나 열대지방에서 매일 일상적으로 내리던 스콜$_{squall}$*에 오랜 세월 적응해온 기억이 DNA에 기후인자로 각인되어 있나 봅니다.

| 비를 맞으며 의연히 앉아있는 모습(서귀포시 토평동, 2021.8.21.)

* 스콜: 햇빛에 의해 지표면이 가열되어 많은 수증기를 포함한 상승기
  류가 발생하여 늦은 오후에 순식간에 내리는 소나비. 열대지방의 우
  기에 갑자기 폭우가 내리고 잠시 후 언제 그랬냐는 듯이 해가 쨍하고
  나타난다. 매일 일어나는 기상 현상이어서 현지 사람들과 생물들은
  소철꼬리부전나비처럼 으레 그러려니 하고 비를 맞으며 생활한다.

투정 부리지 않는 편식쟁이

대다수 생물은 자신들이 먹고 살아가는 주식이 없어지면 그것을 대
신할 다른 먹잇감을 찾아 배고픔을 해결하고 삶을 이어갑니다. 생명의
영속성은 이렇게 이루어져요. 하지만 나비 애벌레들은 대부분 편식쟁

이입니다. 먹는 식물만 먹는 기주특이성*이 있거든요. 특히 소철꼬리부전나비는 오로지 소철의 새순만을 먹고 다른 식물은 절대 먹지 않습니다. 소철이 없으면 못 사는 지독한 편식쟁이들이지요.

* 기주특이성: 편식하는 사람처럼 먹는 식물만 먹는 곤충의 특성. 곤충은 아무 식물이나 먹는 것이 아니라 그 종이 먹는 식물만 골라 먹는다. 예를 들면 배추흰나비는 십자화과인 배추, 무, 케일 등만 먹는다.

나비의 애벌레 중엔 야생동물들처럼 산야에 널려 있는 다양한 종의 생물 중 아무것이나 먹고 자라는 다식성polyecious, 多食性은 흔치 않습니다. 대부분 단식성monophagy, 單食性으로 종마다 애벌레가 먹는 식물이 달라 한두 가지 식물만 먹는 편식성이에요. 그중에서도 식물만 먹고 사는 식식성 곤충phytophagous insect 食植性 昆蟲이 대부분입니다.

장미나 찔레나무, 실거리나무, 아까시나무 등에는 줄기나 가지에 가시가 많아 나 있어요. 이것은 식물이 초식동물로부터 자신의 잎이 뜯어먹히는 걸 방어하기 위한 전략입니다. 며느리배꼽, 며느리밑씻개, 환(한)삼덩굴 등은 줄기와 잎자루에 가시가 촘촘히 나 있습니다. 식식성 애벌레가 줄기를 타고 올라오는 것을 방해하기 위해 가시밭길을 만들어놓은 것입니다. 줄기에서 나온 가느다란 잎자루에도 가시를 붙여놓아 잎사귀까지 가기 힘들도록 외나무다리를 만들어놓았습니다.

애벌레들이 간신히 잎사귀까지 도달하여 잎을 갉아 먹으려면 유격

훈련을 제대로 받아야 합니다. 자칫 발을 헛디디면 큰 사고가 날 수 있어요. 애벌레가 줄기나 잎자루에 매달려 있을 때 바람이 불어 잎사귀가 흔들리면 날카로운 가시에 찔려 큰 상처를 입거나 심지어 피*를 많이 흘려 죽을 수도 있습니다.

* 피: 사람의 피에는 철을 함유한 색소 단백질인 헤모글로빈이 있어서 색이 빨갛다. 반면에 나비 애벌레의 피에는 헤모시아닌이 있어 피가 파란색을 띤다. 헤모시아닌은 구리를 함유한 색소 단백질로 나비 애벌레의 혈액에서 산소 운반을 도와준다. 무색이지만 산소와 결합하면 파란색이 된다.

생태적으로 곤충은 위로 올라가는 성질이 있어요. 위로 날아오르거나 높이뛰기를 하거나 기어 올라갑니다. 무조건 죽기 살기로 올라만 갑니다. 나비 애벌레 역시 본능적으로 위로만 올라가요. 식물의 생장점이 잎사귀 끝이나 줄기 끝, 가지 끝에 있어 위로 올라가야 독성이 적은 연한 잎을 신선하게 먹을 수가 있거든요.

나비들은 대개 먹는 식물만 먹는 기주특이성을 갖고 있어서 먹이식물이 북상하면 그 먹이를 따라 자연히 생체변화를 일으키며 함께 북상하여 기후변화에 대응하고 있습니다. 특히 나비목의 애벌레가 먹는 기주식물이 기후가 이동하는 경로를 따라 이동하므로 나비 역시 고난의 기후변화 여행을 해야 합니다.

애벌레는 어느 한 장소에서 먹이식물을 다 먹어치우고 난 뒤 더는 먹을 게 없으면 허기진 배를 채우려고 먹이식물을 찾아 이리저리 헤집고 다닙니다. 필자가 사육하며 관찰해보니, 대형 종인 호랑나비과의 애벌레들은 먹이가 부족하면 하루 동안에 거의 100m 이상을 이동하며 발이 부르트도록 먹이를 찾아 헤매더군요. 무분별한 벌목, 채취, 제초제 사용 등으로 먹이식물이 점점 사라지면 애벌레의 먹이도 부족해져 곧바로 멸종의 위험 속에 노출될 수밖에 없습니다.

먹이식물은 탄소동화작용을 통해 몸에 필요한 주요 양분을 저장한 잎을 나비 애벌레에게 나눠줍니다. 갉아 먹히는 잎사귀의 처절한 아픔과 고통을 참고 나비 애벌레를 키우는 거죠. 이렇게 자라 애벌레가 무사히 나비가 되면 그땐 나비가 보답으로 먹이식물에게 꽃가루를 옮겨주어 자손 번식의 기회를 줍니다.

나비 애벌레와 먹이식물은 창과 방패인가?

모든 나비의 애벌레는 독특한 먹이생태 진화를 통해 먹는 식물만 먹는 기주 특이성을 발현해왔습니다. 비록 먹고 먹히는 관계이지만 다른 종의 나비와 벌어야 하는 먹이경쟁을 최소화하기 위해 더불어 살아갈 길을 마련한 것입니다. 먹이생태계의 평형을 안정적으로 유지하면서 생물 다양성을 추구하는 방향으로 적응하고 진화한 셈이에요. 이렇게 해서 먹이식물과 나비는 종족보존의 성스러운 기회를 서로 나눠 갖는 특이한 생태를 공유하게 되었답니다. 어떻게 보면 애벌레와 먹이식물의 관계는 창과 방패의 끝없는 싸움인 것만 같아요. 후손을 생각하면 사랑해야 하는 사이지만, 자신들을 생각하면 미워할 수밖에 없으니까요.

숲에 다양한 식물이 살아야만 각각의 식물을 먹고사는 나비 애벌레들도 다양성을 유지하며 건강하게 살 수 있습니다. 생물 종 간의 다양성이 확보되어야 숲도 건강해지는 이유입니다. 즉, 숲에 식물종이 다양해야 곤충이 다양해지고, 파생적으로 개구리와 뱀과 새도 개체수를 유지하고, 나아가 여러 가지 포유동물들도 더불어 살아가는 숲속 먹이 생태계가 평형을 이룬다는 뜻입니다.

숲속 식물의 뿌리는 원뿌리와 곁뿌리의 얼개 속에 토양 속의 수분, 미량원소*, 개미, 집게벌레, 딱정벌레 같은 땅속에서 사는 곤충들과 함께 미생물들이 더불어 살아가는 곳입니다. 줄기 또한 표피와 물관과

| 소철꼬리부전나비(우) (서귀포시 토평동, 2021.8.21.)

기후변화 나비지표종과 후보종의 먹이식물

번호	지정	나비명	학명	먹이식물 (기주식물)	비고
1	환경부 농촌진흥청	남방노랑나비 (흰나비과)	*Eurema mandarina* (Pieridae)	비수리 자귀나무 회화나무 (콩과)	
2	환경부	무늬박이제비나비 (호랑나비과)	*Papilio helenus* (Papilionidae)	산초나무 귤나무 황벽나무 (운향과)	지표종
3		먹그림나비 (네발나비과)	*Dichorragia nesimachus* (Nymphalidae)	나도밤나무 합다리나무 (나도밤나무과)	
4		물결부전나비 (부전나비과)	*Lampides boeticus* (Lycaenidae)	편두 (콩과)	
5		푸른큰수리팔랑나비 (팔랑나비과)	*Choaspes benjaminii* (Hesperiidae)	나도밤나무 합다리나무 (나도밤나무과)	
6		뾰족부전나비 (부전나비과)	*Curetis acuta* (Lycaenidae)	칡 등나무 (콩과)	후보종
7		소철꼬리부전나비 (부전나비과)	*Chilades pandava* (Lycaenidae)	소철 (소철과)	
8	농촌진흥청	호랑나비 (호랑나비과)	*Papilio xuthus* (Papilionidae)	탱자나무 산초나무 황벽나무 (운향과)	지표종
9		배추흰나비 (흰나비과)	*Pieris rapae* (Pieridae)	배추 무 케일 (십자화과)	
10		노랑나비 (흰나비과)	*Colias erate* (Pieridae)	토끼풀 벌노랑이 자운영(콩과)	

체관을 통해 물과 양분을 운반하고, 곤충들의 휴식처 역할을 하며, 먹이활동의 터전이 되기도 합니다. 잎도 동화양분*을 만들어 자신뿐 아니라 곤충을 비롯한 각종 생물에게 먹이와 서식처를 제공하는가 하면, 산소를 공급하고 온도와 습도를 조절하는 등 많은 일을 합니다.

* 미량원소: 식물 생장에 많은 양을 요구하지는 않지만 없어서는 안 되는 요소로 아연(Zn), 망간(Mn), 붕소(B), 구리(Cu), 염소(Cl), 니켈(Ni) 등이 있다. 참고로 탄소(C), 수소(H), 산소(O), 질소(N) 등 다량원소는 공기 중에서 얻을 수 있다.

* 동화양분: 식물이 햇빛을 받아 광합성을 할 때 이산화탄소와 물을 사용하여 탄소동화작용으로 영양분인 포도당을 만들고 산소와 물을 배출한다.

〈광합성식〉

햇빛
▼
$$6CO_2 + 12H_2O \rightarrow C_6H_{12}O_6 + 6O_2 + 6H_2O$$
(포도당)

어느 한두 종의 식물로 숲을 가꾸게 되면 병해충이 대대적으로 발생하거나 화재 등의 재해가 발생했을 때 자연적 치유 능력이 떨어져 숲이 일순간에 황폐해질 수 있습니다. 그런 면에서 보면 소나무나 편백나무 등 어느 특정 식물을 경제림이라고 해서 마구 벌목하거나 치유와 힐링을 위한 식물이라고 해서 편향적으로 채취한다든가 과도하게 키우는 것은 생태계에 위험천만한 재앙을 초래하는 요인이 됩니다.

숲의 모든 식물은 경제, 문화, 사회, 교육, 의료적 가치를 지닌 더부살이 공동체입니다. 그 안에서 인간종과 치유와 힐링을 공유하는 것이지, 인간의 목적을 위해 조성된 게 아니라는 뜻입니다. 이제 우리에겐 생물다양성을 통한 자연보존의 소명의식이 필요해요. 너무 늦지 않게 말입니다.

작지만 아름다운 실천

인간이 몸에 좋다고 먹는 산나물과 약초는 모두 다 애벌레들의 소중한 먹이식물이요, 나비들의 밀원식물입니다. 비록 기후온난화 때문이지만 소철꼬리부전나비 역시 곧이어 육지에서 자주 마주치게 될 나비랍니다. 이 친구가 숲속에서 다양한 나비들과 함께 살아갈 수 있도록 숲에서 무분별하게 식물을 채취하지 않는 작은 실천을 기대해봅니다.

소철꼬리부전나비 서식 분포도

(좌-1940년대, 우-2022년 현재)

날개 확대 사진으로 읽는
기후 생태 환경 이야기

소철꼬리부전나비의 빨간색 동그라미 부분을 실체현미경으로 확대한 사진에서
저자가 본 모습과 다른 어떤 모습의 그림이 연상되는지
상상력을 발휘해보세요.

수염고래의 눈물

수염고래는 지구상에 가장 큰 동물들로 13종이 살고 있어요. 수염은 위턱에 있고 입을 벌려 바닷물을 크게 들이킨 후 내뱉으며 수염 사이로 걸러지는 먹이를 먹는 '여과섭식'을 합니다. 옛날에는 이 친구들을 흔하게 볼 수 있었지만 현재는 무분별한 고래잡이로 많은 종이 멸종위기에 처해 있어요.

| 소철꼬리부전나비, 윗면 오른쪽 앞날개 후연과 뒷날개 전연
| 서귀포 토평, 2021.8.21.
| 실체현미경 ×45배

199

소용돌이 회오리바람

회오리는 지면에 대기가 불안정할 때 생깁니다. 회전 방향에 상관없이
중심부는 저기압이에요. 한꺼번에 모여든 공기가 나선형 깔때기 모양
으로 하늘 높이 올라가며 돌고 도는 소용돌이 바람이랍니다.

| 소철꼬리부전나비, 윗면 배 상부
| 서귀포 토평. 2021.8.21.
| 실체현미경 ×45배

마스크를 쓴 보라돌이

식품의약품안전처에서, 허가한 코로나19 상황에 착용 가능한 마스크

는 KF94, KF80, 비말차단용 KF-AD 등이 있어요. 마스크를 쓴 채 확

진자에게 노출될 경우 감염 위험이 85%나 감소했다는 논문이 학술지

에 보고된 적이 있습니다. 위드 코로나 시대에 마스크 착용을 철저히

하여 호흡기 감염을 예방합시다.

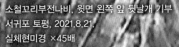

소철꼬리부전나비, 윗면 왼쪽 앞 뒷날개 기부

서귀포 토평, 2021.8.21.

실체현미경 ×45배

단지 허리운동을 한 것뿐인데

바람이 불면 나무는 바람에 몸을 맡겨요. 센 바람이 불면 잠시 허리를 굽힙니다. 바람이 두려워서가 아니랍니다. 단지 허리운동을 한 것뿐이죠. 하지만 바르게 서려는 의지가 강해요. 그래야 하늘을 보고 이야기할 수 있으니까요.

소철꼬리부전나비, 윗면 왼쪽 뒷날개 미상돌기
서귀포 토평, 2021.8.21.
실체현미경 ×45배

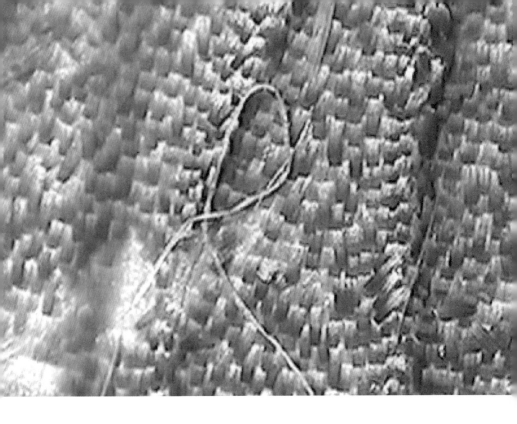

불법사냥 덫, 올가미

수많은 야생동물이 올가미에 걸려 죽어가고 있어요. 밧줄이나 노끈, 철사 같은 줄로 고리를 만들어 당기면 점점 더 옥죄도록 만든 덫의 일종입니다. 올가미에 걸린 동물이 도망가려고 발버둥 칠수록 줄이 죄어들어 부상을 당하거나 벗어나지 못해 굶주림으로 죽어가기도 합니다. 올가미나 덫을 이용한 사냥은 죄악이고 불법입니다.

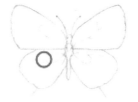

│ 소철꼬리부전나비, 윗면 왼쪽 뒷날개 중앙 상부
│ 서귀포 토평, 2021.8.21.
│ 실체현미경 ×45배

203

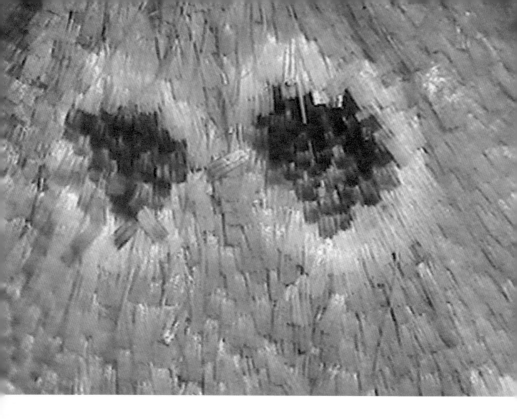

산소 분자, O+O=O₂

맛과 냄새와 색깔이 없는 물질로 동식물의 호흡에 꼭 필요한 기체입니
다. 대부분의 원소와 잘 화합하여 산화물을 만들며 화합할 때는 열과
빛을 냅니다. 대기 중에 약 21%가 산소랍니다.

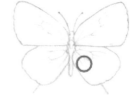

| 소철꼬리부전나비, 아랫면 오른쪽 뒷날개 후연 상부
| 서귀포 토평, 2021.8.21.
| 실체현미경 ×45배

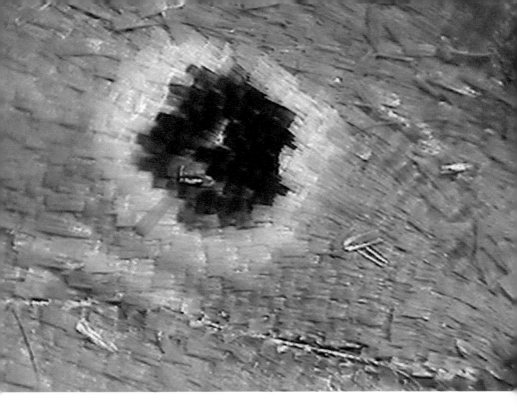

탄소 배출량 'O'(ZERO)

개인이나 기업에서 배출한 이산화탄소의 양만큼 숲을 조성하여 탄소 배출량이 'O'$_{zero}$이 되게 하는 '탄소 중립'이야말로 무더위로부터 지구를 살리는 가장 큰 실천 운동입니다.

| 소철꼬리부전나비, 아랫면 오른쪽 뒷날개 중앙 상부
| 서귀포 토평, 2021.8.21.
| 실체현미경 ×45배

생화학적 조합, 얼룩무늬

나비들의 얼룩무늬는 보통 여러 가지 색소의 조합으로 이루어지지만 핵심은 멜라닌 색소의 생화학적 조합에 의해 만들어집니다. 이러한 무늬는 아름다움을 뽐내기 위해 치장하기도 하지만 생존을 위한 보호색으로 위장과 의태 등 무늬 진화의 진수를 보여줍니다.

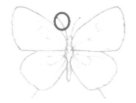

| 소철꼬리부전나비, 아랫면 왼쪽 더듬이
| 서귀포 토평, 2021.8.21.
| 실체현미경 ×30배

농사철 기상 예보관

호랑나비

호랑나비의 생태

에코 속보

담양 에코센터에 호랑나비가 나타났다. 예년보다 약 일주일 빠르게 나와 갓 핀 꿀풀에 앉아 꿀을 빨고 있다. 작년 가을에 알을 낳아 번데기 상태로 추운 겨울을 지내는 나비다. 이 친구는 기후변화의 영향으로 계절에 따른 발생횟수와 출현시기, 군집변화, 분포변화 등이 달라질 것으로 예상되어 농촌진흥청에서는 「기후변화 지표나비」로 지정 관리하고 있다.

−〈기후여행신문〉, 2021년 3월 15일, 송국 기자−

농촌의 기후변화 지표나비

호랑나비_Papilio xuthus_는 지금으로부터 약 6천만여 년 전 신생대 제3기의 전기에 출현하였습니다. 이후 신생대 제4기의 한랭한 빙하기와 온난한 간빙기를 여러 번 거치며 해수면의 상승과 하강, 기후대의 이동 등 극심한 기후환경 변화에 적응하며 진화를 거듭했어요. 우리나라 전 지역에 살고 있으며 일본, 대만, 중국 동남부 등 주로 극동지역에 서식하는 온난대성 나비입니다.

애벌레는 탱자나무, 산초나무, 황벽나무, 귤나무 등 운향과 식물의

| 호랑나비(담양 남산, 2019.4.21.)

잎을 먹고 자랍니다. 성충은 날개를 편 길이가 6~8cm로 크고 아름다운 나비죠. 봄부터 가을까지 2~3회 발생하며 철쭉, 엉겅퀴, 자귀나무, 누리장나무 등의 꽃에서 자주 볼 수 있어요. 겨울에는 번데기 상태로 혹독한 추위를 견딥니다.

호랑나비에 대해서 나비학자 석주명 선생은 1947년 「조선생물학회」에 발표한 『조선 나비 이름의 유래기』에 다음과 같이 기록했습니다. "본래 Papilio는 나비를 의미하는 말로 이 과科 중에서 가장 많은 대표종이다. 그 유충은 운향과 식물을 식해食害한다."

호랑나비는 마을 주변 농경지와 야산에서 쉽게 관찰할 수 있는데, 남부와 중부지방에서는 북부지방보다 약 1주 정도 출현 시기가 빨라지고 있습니다. 기후변화에 따라 계절별 발생횟수와 출현시기, 군집변화, 분포변화 등이 달라질 것으로 보여요. 그래서 농촌진흥청에서도 이 호랑나비를 「기후변화 지표나비」로 지정 관리하고 있습니다.

알에서 깨어난 애벌레는 커가면서 허물을 벗는 변태과정을 거칩니다. 네 번째 허물을 벗는 4령*까지는 새똥처럼 보이게 하여 자신을 보호하는 은폐의태, 즉 몸 숨기기 전략을 보여주는데요. 네 번째 허물을 벗는 5령 때에는 초록색 몸에 흑갈색 줄을 그려 넣어 마치 잎사귀에 앉아 있는 것처럼 보이게 하거나 먹이활동을 할 때 잎맥의 일부처럼 보이게 합니다. 줄무늬 보호색을 활용하는 것이지요.

* 령(instar 齡): 곤충 애벌레의 성장단계를 일컫는 말로 알에서 깨어난 후 한 번 탈피(허물벗기)하기 전까지의 기간을 1령이라고 하고, 그다음 탈피할 때마다 번호가 붙여진다. 나비는 보통 네 번 탈피(5령)한 후 번데기가 된다.

어린 시절, 탱자나무 잎사귀에 있는 호랑나비의 애벌레를 손으로 살짝 건드리면 고개를 번쩍 들고 머리에서 갑자기 주황색 냄새뿔이 튀어나오면서 독특한 냄새를 발사하는 바람에 깜짝 놀랐던 기억이 있습니다. 이 같은 행동들은 천적에게 위협을 주기 위한 방어기제입니다. 고약한 냄새를 뿌려 상대방을 도망가게 하는 생존전략이죠. 지금은 시골의 정감 있는 탱자나무 생울타리가 시멘트 담벼락으로 변해버린 탓에

| 황벽나무 잎에 앉아 있는 5령 애벌레(울진 곤충여행관, 2010.9.18.)

| 호랑나비(담양 에코센터, 2021.3.24.)

애벌레를 집 앞 가까이에서 자주 볼 수 없게 되었습니다.

농번기 기상 캐스터

예부터 농민들은 곤충 특히 개미나 나비들의 행동을 보고 그날의 날씨를 예측하고 농사를 지었습니다. 특히 날씨변화에 민감한 호랑나비는 농사철 기상 예보관이랍니다. 이 친구들은 날이 흐리기만 해도 나는 모습을 보기 힘들고, 비가 오려고 바람이 몰아칠 즈음이면 감쪽같이 사라집니다. 방송에서 기상 캐스터가 하루 전에 내일의 날씨가 흐리다고만 해도 호랑나비를 찾아볼 수 없어요.

요즈음엔 기상위성 등 여러 가지 첨단 장비들을 활용한 덕분에 기상청의 예보가 거의 정확합니다. 날씨의 영향을 많이 받는 농어민들은 날씨변화에 신경을 곤두세울 수밖에 없는데요. 기상 이변으로 어쩌다 예보가 빗나가게 되면 농민들은 오랫동안 기상청을 원망하곤 했습니다. 인간의 뇌는 기억장치인 '해마'에서 나쁜 기억을 오래가게 강화하는 작용을 한다나요?

호랑나비를 현미경으로 보면 머리, 가슴, 배 심지어 날개며 다리까지 온몸이 작은 털로 뒤덮여 있어요. 이 털들은 더듬이, 눈, 피부와 함께 기온, 습도, 기압, 바람의 흐름 등 날씨를 정확히 감지하여 각종 감각신경을 통하여 컴퓨터 칩이 들어 있는 작은 뇌로 전송해줍니다. 그러면 컨트롤타워인 뇌에서 주변 날씨 환경변화의 정보를 실시간으로 수집하고 분석하여 체내의 호르몬 변화를 유도하여 생체 내 기상예보 시스

템을 가동시키는 거죠. 이 정도면 날씨 변화에 한 치의 오차도 허용하지 않고 민첩하게 대응하는 기상 예보관이라고 할 수 있죠? 수천 년 동안 기후변화에 적응하며 체내 진화를 거듭해온 결과입니다.

개미들도 큰비가 오려고 하면 길게 장사진을 치며 이동합니다. 낮은 지대에서 벌어질 물난리를 피하여 안전한 곳으로 이동하는 것인데요. 이 장면을 본 사람들은 이구동성으로 "와, 개미가 참 영물이네" 하고 감탄하거나 "곤충들의 본능이 대단하군" 하고 말합니다. 모두 틀린 말이에요. 이런 행동은 모두 오랫동안 기후변화에 적응해온 생체리듬의 진화를 보여주는 것입니다.

지표면에 살고 있는 생명체들은 대부분 1기압 즉, 1013hPa_{헥토파스칼}이라는 공기의 압력을 사면팔방에서 받고 살아갑니다. 사실 엄청난 세기로 몸을 짓누르고 있는 것인데도 우리는 별로 느끼지 못하며 살고 있습니다. 만약 기압이 1005hPa 정도로 낮아진다면 우리 몸은 압박이 풀려 관절에 미세한 틈이 생기고 벌어져 몸의 각 마디가 쑤시고 아플 것입니다. 호랑나비를 주의 깊게 관찰해보세요. 아침부터 텃밭에서 호랑나비가 춤을 춘다면 그날은 맑을 겁니다.

나비도 길이 있다

가끔, 산길을 걷다 보면 울창한 숲속에 난 길을 만날 수 있어요. 참으로 고맙기 그지없습니다. 길을 보면서 이걸 누가 만들었을까, 여기로 어떤 생물이 다닐까…… 궁금해질 때가 많습니다. 산토끼, 고라니, 멧돼지 등 산짐승이 먹이를 찾아 자주 다니느라 오랜 시간에 걸쳐 만들어진 길일 수도 있습니다. 때로 폭우나 눈사태, 태풍 등 자연현상 때문에 길이 저절로 만들어지기도 하지요. 혹은 나무꾼이나 심마니들이 다니면서 길이 생겼을 수도 있고요. 옛날 할머니들은 "산신령이 길을 냈다"고 말씀하셨는데요. 산길은 이처럼 여러 가지 원인에 따라 만들어졌을 겁니다.

아침에 동이 트면 산에서는 안개구름이 걷힙니다. 이때부터 숲에서 나뭇잎 뒤에 숨어 밤을 지새우던 호랑나비는 부산해지죠. 아침 햇살에 날개에 붙은 이슬을 말리고 마름질을 하고 체온을 올려 기운을 차립니다. 변온동물이기 때문에 몸이 따뜻해져야 에너지가 활성화되어 잘 날 수 있거든요. 체온 상승 과정은 날씨와 장소에 따라 조금 차이가 있지만 거의 오전 10시까지 진행됩니다.

호랑나비들이 아침 산들바람을 타고 날고 있는 춤사위는 정말 우아하고 아름다워요. 우리나라 사람들이 호랑나비를 '한국 제일의 나비'라고 부를 만합니다. 날개 문양도 화려하고 아름답지만 춤추는 모습 또한 최고니까요.

호랑나비는 마실을 갈 때 꼭 다니는 길로 다닙니다. 특히 호랑나비과의 나비들이 그래요. 이들이 나비길butterfly road 蝶路(접로)을 따라 이동하는 것을 자주 볼 수 있는 배경이랍니다. 기후변화 지표종인 호랑나비와 무늬박이제비나비뿐만 아니라 제비나비류의 산제비나비, 제비나비, 청띠제비나비, 긴꼬리제비나비, 남방제비나비, 사향제비나비들도 나비길을 만듭니다.

산길에서 포충망으로 이런 나비들을 채집하려다 놓치는 경우가 종종 있습니다. 대부분 아쉬워하며 발길을 돌리지만 아쉬워할 필요가 없어요. 가지 말고 그 자리에서 마냥 기다리다 보면 또다시 나비를 만날 수 있으니까요. 떠났던 그 나비가 다시 돌아온 것일 수도 있고, 같은 종인 다른 나비가 그 길을 따라 날아온 것일 수도 있습니다.

나비박사 석주명 선생은 최초로 나비 이름을 지을 때 나비의 색깔과 문양, 크기, 형태, 먹이, 나는 모양과 속도, 서식 생태 등을 연구하여 명명하였습니다. 제비나비 종류는 필자가 유추해볼 때 한 가지 더 고려하여 지었으리라 생각됩니다. 멀리 동남아시아의 남쪽 나라에서 날아오는 여름 철새인 제비의 생태까지 십분 고려했을 것입니다. 제비는 수천 킬로미터의 바다와 높은 산을 넘고 물을 건너 작년에 왔던 제비길을 따라 그대로 다시 오고 가는 놀라운 장거리 여행의 고수입니다.

나비길을 만드는 호랑나비

호랑나비는 왜 길을 만들고 그 길을 따라 이동할까요? 반려곤충인 길 앞잡이처럼 산길을 안내하지는 않습니다. 길고양이처럼 길에서 어슬렁 거리지도 않습니다. 호랑나비가 만드는 길은 땅이 아닙니다. 하늘을 나는 하늘길이에요. 하지만 전투기처럼 편대 비행을 하는 사방이 확 트인 길은 아닙니다. 물론 때로는 뻥 뚫린 개활지를 날기도 하지만 대부분 숲길입니다.

호랑나비에게 숲속은 꽃향기 가득한 안식처일 수도 있지만, 실은 사방 천지가 위험 요소로 가득한 전쟁터이기도 하거든요. 큰키나무_{교목}는 하늘 높이 사면팔방으로 가지가 쭉쭉 뻗어 있지요. 그 사이에 작은 키나무_{관목}들이 비집고 자라 어떻게든 햇빛을 조금이라도 더 받기 위해 틈새 생존전략을 펼치며 살아갑니다. 그뿐인가요? 작은 키의 덤불 식물들은 대부분 잎사귀가 나와야 할 자리에 날카로운 가시를 달고 천적에게 위협의 경고장을 날립니다. 식물들은 애벌레의 먹이를 제공하기도 하지만, 호랑나비가 마음 놓고 날아다니기에는 온통 험난한 가시밭길입니다.

자연의 숲엔 식물들만 있는 게 아니에요. 나비들을 호시탐탐 노리는 잠자리, 사마귀 등 각종 곤충과 바람만이 겨우 통과할 수 있는 무적의 거미줄이 나뭇가지 사이에 버티고 있습니다. 게다가 가장 무서운 천적인 새들이 여기저기서 감시 카메라를 작동하고 있으니 나비들은 잠시도 한눈을 팔 수 없습니다. 이렇듯 위험천만한 삶의 현장인 숲속에서 호랑나비는 오늘도 나비길 주변을 주의 깊게 살피며 비행하고 있습니다.

나비길은 뭣보다 가시덤불이 적은 곳이어야 합니다. 천적으로부터 쉽게 도망갈 수 있는 도피로가 있어야 하고, 숨을 수 있는 은신처가 확보되어야 해요. 호랑나비는 가시밭길 같은 일상에서 이따금 길바람*을 타고 하늘여행길에 오르는 걸 좋아합니다. 산들바람을 안고 하늘 높이 올라 세상을 굽어보는 호연지기를 보여주죠. 풍류를 즐기는 나비의 꿈을 실현하려는 자유로운 영혼입니다.

* 길바람: 길가 풀밭과 흙자갈 길의 태양 복사열 온도 차이에 의한 기 압변화로 길에서 일어나는 바람이다. 때로는 휘어진 길에서 회오리 바람이 일어나기도 하는 것을 나타내는 필자의 신조어다.

사실 호랑나비가 포클레인이나 불도저처럼 길을 내는 건 아닙니다. 단지 생존과 자손 번식을 위하여 자주 다니는 길로 날아다니다 보니 길이 난 것뿐이죠. 나비길이 생긴 가장 큰 이유는 꿀이 있는 흡밀식물 밀원식물과 애벌레의 먹이식물이 동물처럼 움직이지 않고 항상 그 자리 에만 있기 때문입니다.

흡밀식물의 꽃이 피고 나비가 꿀을 빨 때, 옹달샘에서 샘솟듯 항상 꿀이 나오는 것은 아니에요. 새로운 꽃이 피면 향기로운 꽃향기를 따 라 날마다 자주 찾아가 꿀을 따야 합니다. 꿀은 곧 양식이고 힘차게 날 기 위한 에너지원이며 건강한 알을 낳기 위한 영양분이거든요.

또한 좋은 애벌레의 먹이식물을 찾아 그 잎이나 주위에 알을 낳아 야 애벌레가 건강하게 자랄 수 있어요. 나비는 알을 한 번에 모두 낳지 않아요. 먹이식물을 자주 찾아가서 싱싱하고 연한 새잎이 돋을 때마다 알을 낳습니다. 이런 수고로움을 감수해야 한정된 먹이 때문에 벌어지 는 새끼들 간의 먹이경쟁을 피할 수 있거든요.

사람이 사는 곳에서는 경찰들이 주로 밤에 우범지역을 돌며 나쁜 일이 벌어지지 않을까 감시합니다. 하지만 호랑나비 수컷은 좀 달라요. 암컷이 다니는 나비길을 따라 낮에만 열심히 순찰을 돕니다. 가끔 다른 수컷 경쟁자가 나타나면 순찰차 대신 골바람_{곡풍}과 산바람_{산풍}을 이용하여 행글라이더나 연처럼 순풍을 타고 높이 올라갔다 내려오는 걸 반복하며 멀리 쫓아내지요.

호랑나비는 나비길을 따라 건강한 알을 생산하기 위해 부지런히 꿀을 찾아다닙니다. 애벌레가 건강하게 자랄 수 있도록 영양가 많은 먹이 식물이 풍부한 장소를 물색하러 다니기도 하죠. 자손 번식과 자식 사랑에 고난의 여행길도 마다하지 않는 거죠. 이러한 행동은 수천만 년 동안 대대로 이어져 내려오면서 뇌라는 작은 칩 속에 입력시켜 유전자로 남긴 진화의 산물입니다.

작지만 아름다운 실천

한국 사람들에게 가장 아름다운 나비로 사랑받고 있는 농번기 기상 캐스터인 호랑나비가 우리와 더불어 살 수 있도록 시멘트 블록으로 된 담벼락보다는 탱자나무 같은 생울타리 조성과 플라스틱 제품 사용을 자제하는 작은 실천을 기대해봅니다.

날개 확대 사진으로 읽는
기후 생태 환경 이야기

호랑나비의 빨간색 동그라미 부분을 실체현미경으로 확대한 사진에서
저자가 본 모습과 다른 어떤 모습의 그림이 연상되는지
상상력을 발휘해보세요.

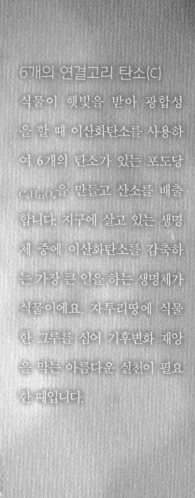

6개의 연결고리 탄소(C)

식물이 햇빛을 받아 광합성을 할 때 이산화탄소를 사용하여 6개의 탄소가 있는 포도당 $C_6H_{12}O_6$을 만들고 산소를 배출합니다. 지구에 살고 있는 생명체 중에 이산화탄소를 감축하는 가장 큰 일을 하는 생명체가 식물이에요. 자투리땅에 식물 한 그루를 심어 기후변화 재앙을 막는 아름다운 실천이 필요한 때입니다.

| 호랑나비, 윗면 오른쪽 앞날개 외연 중부
| 담양 남산, 2019.4.21.
| 실체현미경 ×7배

나 떨고 있니?

기후변화는 항상 지구 온난화의 문제만 있는 게 아닙니다. 갑자기 강추위를 몰고 와 생물들이 대량으로 얼어 죽는 경우가 자주 발생하고 있어요. 인간도 예외가 아니에요.

| 호랑나비, 윗면 오른쪽 뒷날개 후각
| 담양 남산 2019.4.21.
| 실체현미경 ×15배

공장 굴뚝의 연기

'환경보전법'에서는 연료 또는 기타 물질의 연소 시에 발생하는 검댕, 입자상 물질 또는 황산화물을 매연이라고 정의하고 있습니다. 굴뚝에서 나온 검은 연기는 대부분 불완전 연소로 덜 탄 탄소물질이고요, 붉은 연기는 산화철, 흰색 연기는 수증기, 회색 연기는 모두 타고 남은 회분이 주된 물질들입니다.

| 호랑나비, 아랫면 오른쪽 앞날개 아외연 중부
| 담양 남산 2019.4.21.
| 실체현미경 ×34배

탄소 발자국

탄소 발자국Carbon footprint은 인간이 활동하거나 상품을 생산하고 소
비하는 과정에서 발생하는 이산화탄소의 총량입니다. 온실가스 발생
량을 이산화탄소 배출량으로 환산하여 제품에 표시하고 있어요.

| 호랑나비, 윗면 왼쪽 뒷날개 후연 중부
| 담양 남산 2019.4.21.
| 실체현미경 ×9배

돌고래 쇼

돌고래는 인간의 노리개가 아닙니다. 우리랑 똑같이 생각하고 사랑하며 사는 생물입니다. 가족이 그리울 거예요. 친구가 보고 싶을 거예요. 더는 학대하지 말고 가족의 품으로 보내줘야 해요. 넓은 바다로 가서 맘껏 놀 수 있도록 말입니다.

호랑나비, 윗면 왼쪽 뒷날개 아외연 중부
담양 남산, 2019.4.21.
실체현미경 ×20배

긍정 마인드 Y(Yes)

응, 그래, 네 말이 맞아. 따뜻한 말 한마디가 세상을 바꿉니다.

┃ 호랑나비, 아랫면 오른쪽 뒷날개 중앙 중부
┃ 담양 남산 2019.4.21.
┃ 실체현미경 ×15배

지구가 끓고 있어요

지구가 보글보글 끓고 있어요. 수증기가 되어 하늘로 올라가네요. 냄비
에 물 끓듯이 내 마음도 따라 부글부글 끓고 있어요.

ㅣ 호랑나비, 아랫면 왼쪽 뒷날개 후연 하부
ㅣ 담양 남산, 2019.4.21.
ㅣ 실체현미경 ×27배

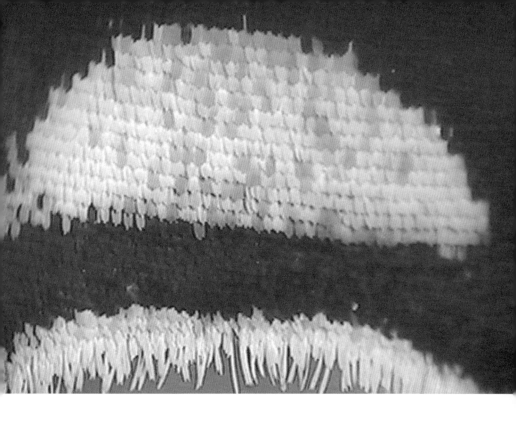

햄버거의 비밀

햄버거Hamburger 한 개를 생산하려면 5m²의 숲과 50회의 샤워를 할 수 있는 물이 사라집니다. 또한 도축과 축산분뇨로 인한 여러 가지 환경오염을 일으킵니다. 가공식품을 만드는 데에도 많은 양의 열에너지를 사용하게 되어 이산화탄소와 같이 온실효과를 일으키는 물질들이 나와요. 자연식품을 먹는 것이 건강에도 좋고 지구환경을 살리는 일입니다.

┃ 호랑나비, 아랫면 왼쪽 뒷날개 후연 하부
┃ 담양 남산, 2019.4.21.
┃ 실체현미경 ×30배

죠스(JAWS)

상어는 고생대 데본기 초 약 4억 년 전에 지구상에 출현했어요. 상어
는 종에 따라 차이가 있지만 평생 7일~10일 주기로 약 3만 개나 되는
이빨이 빠지고 새로 나기를 반복해요. 이빨이 턱 앞쪽부터 입속을 향
해 6~20열로 줄지어 나 있어요.

| 호랑나비, 아랫면 왼쪽 앞날개 아외연 중부
| 담양 남산, 2019.4.21.
230 | 실체현미경 ×10배

잃어버린 시간을 찾아서, 부정합면

부정합은 퇴적된 지층이 지각변동에 의해 습곡이나 단층 등의 조산운동이 일어난 후 융기하여 오랜 기간 침식작용이 일어나야 합니다. 그 후 침강하여 다시 퇴적되어 만들어진 지층구조입니다. 시간과 공간이 단절된 부정합면 연구는 지구의 역사를 알 수 있는 증거로 사용됩니다.

※ 부정합 형성과정 : 퇴적→(습곡, 단층)→융기→침식→침강→퇴적

Ⅰ 호랑나비, 아랫면 왼쪽 앞날개 전연 중부
Ⅰ 담양 남산, 2019.4.21.
Ⅰ 실체현미경 ×30배

농업 생태계의 바로미터

배추흰나비

배추흰나비의 생태

에코 속보

찬 바람이 쌩쌩 부는 이른 봄에 하얀 나비가 나타났다. 그것도 평지가 아
닌 담양의 금성산성 성벽의 양지바른 산자락에서 꿀을 빨고 있다. 이곳
은 임진왜란과 동학혁명의 전적지로 잘 알려진 곳이다. 어쩌면 저 하얀
나비는 흰옷을 입고 적과 싸웠던 백성이 환생한 게 아닐까? 자세히 보니
배추흰나비다. 아무리 기후변화의 영향이라지만 아직 겨울의 입김이 채
가시지 않은 쌀쌀한 날씨에 나비를 보니 반가우면서도 갑작스러운 꽃샘
추위로 나비에게 무슨 일이 생기지는 않을까 불안한 마음이 든다.

-〈기후여행신문〉, 2021년 3월 13일, 송국 기자-

하얀 꽃나비 소녀

배추흰나비는*Pieris rapae*는 지금으로부터 약 6천만여 년 전 신생대 제3기
의 전기에 출현하였습니다. 이후 신생대 제4기의 한랭한 빙하기와 온
난한 간빙기를 여러 번 거치며 해수면의 상승과 하강, 기후대의 이동
등 극심한 기후환경 변화에 적응하며 진화를 거듭해왔어요. 우리나라
전 지역에 살고 있으며, 전 세계적으로 농경지가 있는 곳이면 어디에서
나 볼 수 있는 가장 흔하고 널리 분포된 온대성 나비입니다.

배추흰나비로 이름이 붙은 이유를 나비학자 석주명 선생의 기록에서 찾아볼 수 있습니다. 그는 1947년 「조선생물학회」에 발표한 『조선 나비 이름의 유래기』에 "이 종류는 조선에 가장 풍산豊産할 뿐만 아니라 북반구 온대지방에는 어디나 있어서 배추에 해를 주니 배추흰나비라고 부르기로 한다."라고 써놓았습니다.

애벌레는 배추, 무, 케일, 유채 등의 십자화과 식물의 잎을 먹고 자랍니다. 성충은 날개를 편 길이가 4~5cm로 이른 봄부터 늦가을까지 5~6회 발생합니다. 겨울에는 번데기 상태로 혹독한 추위를 견딥니다.

인간은 농경사회로 접어들면서 밀과 벼 등 알곡류를 경작하고 가축을 사육하여 탄수화물과 지방, 단백질의 에너지원이 되는 영양소를 섭취했습니다. 집에서 가까운 곳에 텃밭을 두고 과일과 채소를 재배하면서 살아가는 데 필요한 비타민과 적으나마 무기영양소도 얻었고요. 우리나라에서는 주로 김치 재료인 배추와 무를 밭에 심어 길렀는데요. 덕분에 배추흰나비 또한 농가 인근에서 농민과 동고동락하며 더불어 살았습니다.

배추흰나비는 마을 주변 농경지에서 쉽게 관찰되는 나비입니다. 이른 봄, 날이 가장 먼저 따뜻해지는 남부지방에서부터 나타나죠. 남부와 중부지방에서는 북부지방보다 약 2주 정도 출현 시기가 빠르고 발생 횟수도 많으며 개체수도 풍부합니다. 기후변화의 영향으로 계절에 따른 발생횟수와 출현시기, 군집변화, 분포변화 등이 달라질 것으로 예상되어 농촌진흥청에서는 「기후변화 지표나비」로 지정하여 관리하고 있습니다.

| 배추흰나비(담양 금성산성, 2021.3.13.)

이 친구는 주로 애벌레의 먹이식물인 배추, 무 등의 잎에 알을 낳고, 꽃밭에서 사랑과 슬픔을 나누며 더불어 살아가는 하얀 꽃나비입니다. 꽃줄기에 꽃이 피는 장다리꽃 중에 배추는 노란색 꽃을 피우고, 무는 연보라색 꽃을 피웁니다. 안타깝게도 그리 오랫동안 피어 있지 못하고 일찍 시들어요. 그러고는 곧바로 기다란 열매를 만들어 다음 세대를 위해 씨앗을 준비합니다.

농업 생태계의 바로미터

꽃과 함께 그려진 나비를 품에 안거나 집 안에 걸어두고 감상하면 사랑이 넘치는 화목한 가정을 이룬다고 합니다. 이런 믿음 때문에 우리나라 생활용품 중에는 꽃과 나비 문양으로 장식한 것들이 많습니다. 모두 행복한 가정을 이루고자 하는 마음이 반영된 것이지요.

나비 그림을 잘 그려 '남나비'라는 별명으로 더 유명한 남계우南啓宇 . 1811~1890 화백은 나비를 직접 채집하여 실물을 보고 그렸습니다. 지금으로부터 약 150여 년 전 서울 경기 지방에 서식하는 나비들을 그림으로 남겨놓았죠. 그의 그림은 작품성뿐만 아니라 기후변화에 의한 나비의 서식 분포와 생태, 개체변이 등을 알 수 있게 해주므로 곤충학 연구에도 아주 중요한 자료들입니다. 우리나라에서 살아가는 친근한 나비들이 참으로 생생하게 실물처럼 그려져 있답니다.

〈화접도〉나 〈군접도〉에 자주 등장하는 나비들은 농촌진흥청에서 「기후변화 지표나비」로 지정한 배추흰나비와 호랑나비, 노랑나비입니다. 이 3종의 암컷과 수컷의 날개 색상과 크기, 형태, 문양, 앉아 있는 자세, 나는 모양 등을 얼마나 정확히 묘사했는지 지금도 보기만 하면

배추흰나비의 생태환경에 따른 개체변이 크기변화
(좌-인천 연희동, 1988.8.28. 우-인천 계양산, 2000.4.16.)

금방 종을 알아볼 수 있을 정도입니다.

나비박사로 유명한 석주명 선생도 남계우 화백이 남긴 작품들을 「조선 사람의 곤충학」에서 19세기 서울, 경기 지방에 서식한 37종의 나비들이 암수까지 구별할 수 있고 열대종인 남방공작나비까지 그려져 있어 우리나라에 서식한 나비종 연구를 위한 학술적 가치가 크다고 칭찬했습니다. 특히 "일본의 국보로 지정된 圓山應擧마루야마 오우쿄 1733~1795의 「곤충도보」昆蟲圖譜는 남계우의 나비 그림과 비교가 되지 못한다."고 〈고려시보高麗時報〉(1941)에 기고했었지요.

배추흰나비가 '화접도'나 '군접도'에 자주 그려졌다는 것은 이들이 우리 민족과 아주 친했다는 뜻입니다. 수천 년 동안 한반도의 농민과 생사고락을 같이하며 살아왔다는 뜻이기도 해요. 그만큼 배추흰나비는 계절에 따른 발생 횟수와 출현 시기, 군집변화, 분포변화 등 농업 생태계의 잣대 역할을 톡톡히 해준 특별한 종입니다.

남나비의 나비는 기후변화를 이야기한다

남화백의 나비 그림들은 본인이 살았던 한양 인근에서 만날 수 있는 나비를 직접 채집하여 가까이에서 실물을 보고 정확한 관찰을 통해 그린 것들입니다. 따라서 형태와 문양, 색상 등을 사실적으로 세밀하게 묘사할 수 있었지요. 더불어 식물의 꽃과 줄기, 잎사귀 등을 곁들여 한층 격조 높은 구도로 아름답고 생동감 있게 나비들을 표현하였습니다. 석주명 선생은 열대종인 남방공작나비가 그려진 것을 보고 의아해했

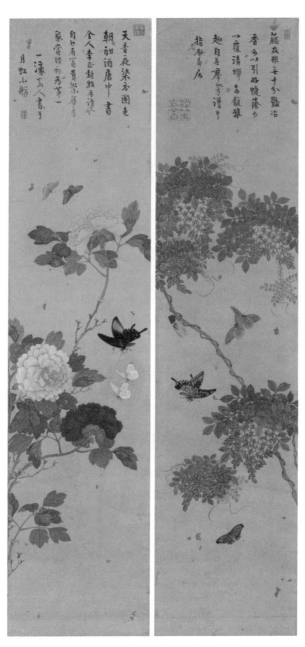

〈화접도(花蝶圖)〉(남계우, 종이에 수묵채색, 121.6 x 28.5cm, 국립중앙박물관 소장)

| 란타나꽃에 앉아있는 남방공작나비(베트남 호치민 생가, 2011.6.28.)

으나 남부지방에서 한 점 채집한 바 있어 남나비의 그림이 실물을 보고 그린 것임을 확인했다고 합니다.

필자 역시 남화백의 그림에 나오는 나비를 보고 금방 어떤 종인지 알아맞혔습니다. 암컷인지 수컷인지도 한눈에 알아볼 수 있었고요. 그가 지금의 서울 경기 지방에 서식하는 나비들을 그림으로 남겨놓은 덕에 우리는 기후변화에 의한 나비의 서식 분포와 생태, 개체변이에 대한 정보도 쉽게 얻을 수 있답니다. 예술작품인 동시에 학술적으로도 중요한 자료라는 의미겠지요. 그림 속의 나비들은 현재 기후변화에 의해 서식지가 변하고 개체변이가 많이 일어났을 것으로 추정됩니다.

이 〈화접도〉는 꽃과 나비가 생태적으로 조화롭게 잘 어우러진 걸작입니다. 농촌진흥청 지정 기후변화 지표나비인 배추흰나비 한 쌍과 호랑나비 한 마리가 그려져 있어요.

왼쪽의 모란과 함께 그려진 나비는 윗부분에 신열대구의 독나비류처럼 날개가 비정상적으로 좁고 길게 그려져 있지만, 푸른부전나비와 비슷한 나비로 추정할 수 있습니다. 바로 아래 표범 문양이 그려져 있는 표범나비류의 일종과 중앙에 크고 화려한 제비나비 암컷이 있고 바로 아래에 배추흰나비 한 쌍이 정답게 춤추고 있습니다. 배추흰나비와 제비나비는 실물처럼 생생하고 세밀하게 그려져 있군요.

그런데 상부에 있는 두 나비는 종 동정을 할 수 없을 만큼 불분명합니다. 특히 표범나비류가 그래요. 왜 그랬을까요? 그림에 중국 당나라 시인의 글을 인용한 것을 보면 당시 선진문물인 중국의 화보를 보고 그림 속에 있는 나비를 일부 그린 것이 아닐까, 추정됩니다.

오른쪽의 넝쿨식물과 함께 그려진 그림은 잎사귀 끝이 대부분 3출엽三出葉인 콩과식물입니다. 왼쪽으로 감아 올라가는 모습의 등藤나무 생태를 잘 표현한 걸작이에요. 같은 콩과식물이며 덩굴식물인 칡葛은 오른쪽으로 감아 올라가는데, 칡과 등나무는 서로 반대로 감아 올라가므로 해결의 실마리를 찾아야 해소되는 '갈등葛藤'이라는 낱말이 여기서 생겼답니다. 인간들 사이에서도 서로의 마음이 뒤틀리면 갈등이 생겨 마음의 골이 깊어 웬만해서는 화해하기가 쉽지 않지요.

등나무 줄기에 앉아 있는 참매미는 배 부분의 파르스름한 색과 앞가슴, 날개의 시맥 등으로 보아 우화한 지 얼마 안 되는 매미입니다. 금방 "매앰 매앰" 하고 노랫소리가 들릴 것처럼, 시각과 청각을 동시에 자극하는 공감각적인 그림이죠. 매미 오른쪽의 나비는 우리나라에 살지 않는 종동정이 불분명한 나비로 마치 나방처럼 보이지만, 더듬이를 보면 곤봉형이므로 나비인 것은 맞습니다.

역시 중앙에 크고 화려한 호랑나비는 날개의 노랑 바탕과 배의 모양으로는 암컷입니다. 뒷날개 외연부에 붉은색이 전혀 없는 것이 다소 아쉽지만 너무도 똑같아 살아서 날아다니는 것처럼 그려져 있어요. 아랫부분에는 네발나비를 배치하였습니다.

모란과 등나무는 꽃이 피는 시기가 5월로 비슷한데 참매미는 7월 이후에 나타나므로 출현시기와 생태적으로는 맞지 않아요. 아마 때에 따라 나비를 채집하여 밑그림을 그려 따로 보관한 뒤에 꽃을 그린 후 알맞게 배치하여 그린 것이 아닌가 추측됩니다.

작지만 아름다운 실천

수천 년 동안 농민과 생사고락을 같이하며 농업 생태계의 바로미터로 살아온 배추흰나비가 살충제에 아파하지 않도록, 건강한 먹거리 생산을 위해 독극물 살포를 자제하는 작은 실천을 기대해봅니다.

날개 확대 사진으로 읽는
기후 생태 환경 이야기

배추흰나비의 빨간색 동그라미 부분을 실체현미경으로 확대한 사진에서
저자가 본 모습과 다른 어떤 모습의 그림이 연상되는지
상상력을 발휘해보세요.

상처만 남기고

상처는 할퀴고 간 자국이에요. 상처는 흔적을 남겨요. 영원히 돌이킬 수 없는 아픈 기억들이지요. 지구는 전 세계 곳곳에 상처로 몸살을 앓고 있어요. 누가 이 지구를 상처투성이로 만들었을까요? 이제 우리 모두 지구를 치료하고 보호하는 지구 지킴이 활동을 할 때입니다.

| 배추흰나비(우), 윗면 왼쪽 앞·뒷날개 기부 손상
| 파주 장흥, 1988.7.23.
| 실체현미경 ×15배

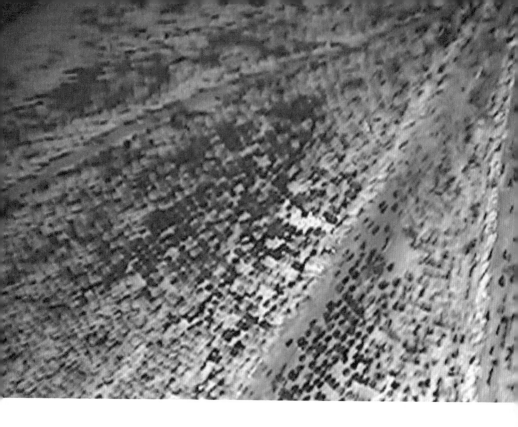

빙빙빙 돌아라, 회절

회절diffraction은 파동이 좁은 틈을 지나갈 때 장애물 뒤쪽으로 돌아 들어가는 현상을 말합니다. 파장이 길고 틈이 좁을수록 회절이 잘 일어납니다. 벽을 사이에 두고 이야기할 때 상대방의 목소리는 잘 들을 수 있지만 얼굴은 볼 수는 없는 것은 파장이 긴 소리는 짧은 빛보다 회절이 잘 되기 때문이죠.

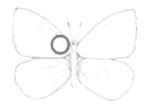

ㅣ 배추흰나비(우), 윗면 왼쪽 앞날개 기부
ㅣ 파주 장흥, 1988.7.23.
ㅣ 실체현미경 ×20배

한겨울 한강 포구

한겨울 바다와 마주한 한강 포구는 아름답습니다. 땅은 마른 풀 한 포
기, 모래알 한 톨마저 남기지 않고 깡그리 덮어버린 눈에 가려졌고요.
발원지 검룡소에서 수천만 번 굴러 이제 막 도달한 물방울 하나가 차
가운 몸을 빚어 하얗게 탈바꿈합니다.

ㅣ 배추흰나비(우), 윗면 왼쪽 앞날개 외연 하부 손상
ㅣ 파주 장흥, 1988.7.23.
ㅣ 실체현미경 ×20배

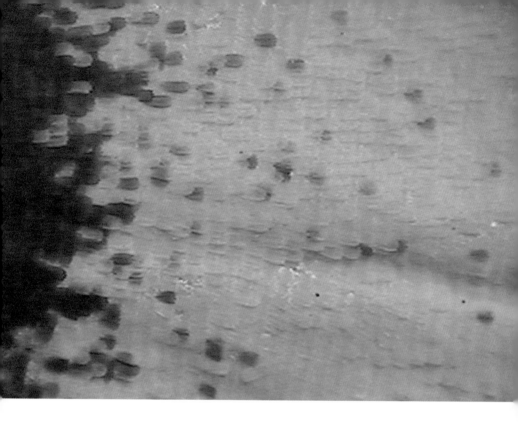

독극물 살포

독극물은 생물에게 해를 주거나 죽음에 이르게 하는 물질을 말합니다. 독가스, 청산가리, 염산, 황산, 질산, 수산화나트륨, 카드뮴, 수은 등이 있어요. 살충제, 살균제, 제초제 등 농약을 논에 뿌리면 어떤 일이 벌어질까요? 토양과 대기를 오염시켜 생산된 농산물에 독극물이 남아있어 결국 우리의 몸으로 들어올 거예요. 논에서 흘러나온 물은 강으로 흘러 들어가 수질오염을 일으켜 수생생물에 피해를 줍니다.

ㅣ 배추흰나비(우), 윗면 오른쪽 앞날개 아외연 상부
ㅣ 파주 장흥, 1988.7.23.
ㅣ 실체현미경 ×45배

살아있는 화석생물, 투구게

투구게는 현재 지구상에 5종이 살고 있는 것으로 조사되어 있어요. 약 2억 년 전의 모습과 거의 같은 형태를 하고 있어요. 발생상으로는 고생대 삼엽충과 비슷한 생태를 보여주는 삼엽충의 후예로 기후변화에 적응하며 꿋꿋이 살아온 화석생물입니다. 최근에 환경오염으로 개체수가 점차 줄고 있어 안타깝습니다.

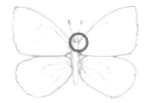

| 배추흰나비(♂),윗면 오른쪽 겹눈 주위
| 부평 화랑농장, 1987.7.9.
| 실체현미경 ×45배

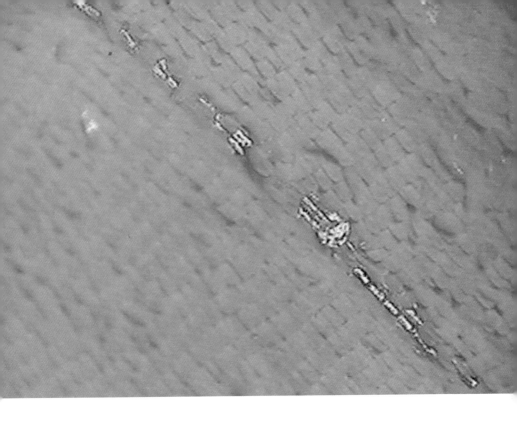

금 나와라 뚝딱, 광맥

광맥은 암석의 갈라진 틈에 금, 은, 구리 등 유용 광물이 띠를 이뤄 많이 묻혀 있는 부분을 말합니다. 광맥을 이야기할 때 '노다지'라는 말이 자주 나옵니다. 『국립국어원 표준국어대사전』에 '노다지는 캐내려 하는 광물이 많이 묻혀 있는 광맥'이라고 나와 있어요. 혹자는 이 말이 '만지지 마라'의 'No touch'(노터치→노다지)에서 유래되었다고 하는데 정확한 영어 표현은 'Don't touch'랍니다.

| 배추흰나비(♂), 윗면 오른쪽 뒷날개 중앙 상부
| 부평 화랑농장, 1987.7.9.
| 실체현미경 ×45배

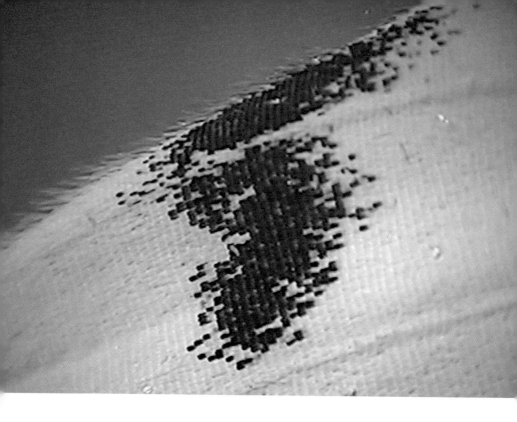

미세먼지에 고통 받는 한반도

우리나라 미세먼지는 52%가 우리나라 자체에서 발생하고 중국에서 날아온 것이 34%, 북한이 9%, 기타 5%입니다. 절반가량이 국내의 공장과 자동차에서 내뿜는 매연과 플라스틱, 생활 속 쓰레기 등에서 발생하고 있어요. 미세먼지는 우리가 짐작했던 것처럼 편서풍을 타고 장거리를 이동하는 것보다는 국내에서 더 많이 발생한다는 사실입니다.

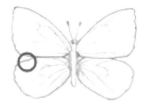

| 배추흰나비(♀), 윗면 왼쪽 뒷날개 전연
| 부평 화랑농장, 1987.7.9.
| 실체현미경 ×20배

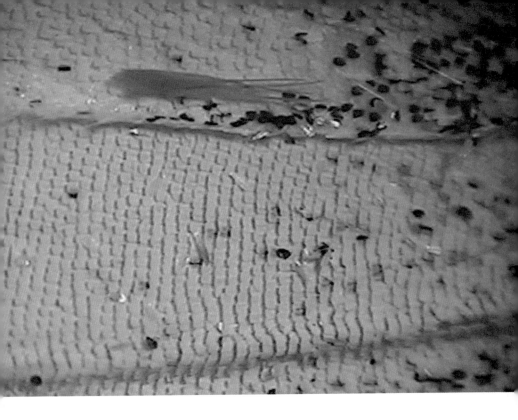

오징어 게임

동해는 난류와 한류가 만나는 곳으로 오징어가 풍부한 어장이었어요. 하지만 최근 여름철 동해안의 저온 현상 때문에 동해안에 비해 서해안의 수온이 상대적으로 약 1.5℃ 정도 높아졌어요. 쿠로시오 난류를 타고 북상하는 오징어가 제주 서쪽 마라도에서 황해와 동해의 양쪽 바다로 갈라져 올라갈 때 당연히 따뜻한 서쪽 바다로 많이 향하게 되어 서해안에서도 많이 잡히고 있어요.

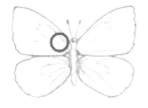

| 배추흰나비(♂), 윗면 왼쪽 앞날개 기부 이물질,
| 부평 화랑농장, 1987.7.9.
| 실체현미경 ×30배

농번기의 사랑둥이

노랑나비

노랑나비의 생태

에코 속보

요즘 논두렁에 제초제를 뿌리는 모습을 자주 보게 된다. 제초제를 뿌리면 풀만 제거하는 것이 아니고 풀과 더불어 사는 생물까지 모두 죽이게 된다. 특히 논두렁살이 노랑나비 애벌레가 사라져가면서 노란 꽃나비 보기가 힘들어졌다. 토양 속에 남아 있는 독극물은 농작물에 침투하여 먹거리 부메랑이 되어 우리의 건강을 위협하고 있다는 것을 잊지 말아야겠다.

−〈기후여행신문〉, 2021년 6월 5일, 송국 기자−

논두렁 밭두렁 춤사위는 빨라지고

아까시꽃 향이 지고 밤꽃 냄새가 진동하면 농부는 삽자루를 둘러메고 물꼬를 틀러 논에 갑니다. 모내기와 모심기에 바쁜 농번기에 농부의 몸은 하루도 쉴 날이 없습니다. 이때, 논두렁 밭두렁에서 춤을 추며 농민들의 피로를 덜어주는 노랑나비는 농부들의 고마운 친구입니다.

 "♬~ 나비야, 나비야, 이리 날아오너라

 노랑나비, 흰나비, 춤을 추며 오너라 ♬~"

| 노랑나비(담양 호남기후변화체험관, 2014.5.19.)

동요에 나오는 노랑나비와 흰나비는 단순히 색깔을 표현하는 나비일 겁니다. 우리 주변에서 가장 흔하게 볼 수 있는 나비들이지만 흰나비라는 종$_{species}$ 種은 없거든요. 하지만 '노랑나비'는 콜리아스 에라테$_{Colias\ erate}$라는 학명으로 진짜 종이 있습니다.

날개에 노란색이 있어 이름에 '노랑'이 붙은 나비는 노랑나비를 비롯하여 남방노랑나비, 극남노랑나비, 멧노랑나비, 각시멧노랑나비, 수노랑나비 등 6종입니다. 북한에만 서식하고 있는 나비도 연노랑흰나비, 북방노랑나비, 높은산노랑나비, 연주노랑나비, 노랑지옥나비 등 5종이 있고요. 노랑의 의미인 '황黃'이 붙은 나비로는 황오색나비, 황세줄나비, 산황세줄나비, 중국황세줄나비, 황알락그늘나비, 황알락팔랑나비

255

의 6종이 있는데, 한반도에만 모두 17종이나 살고 있습니다. 이 나비들은 주의와 경계라는 의미를 지닌 노란색 바탕에 검정색 무늬로 대비를 선명하게 해주어 천적이 다가왔다가 화들짝 놀라게 만듭니다. 자신을 보호하는 쪽으로 색상 진화를 해온 거예요.

노랑나비는 지금으로부터 약 6천만여 년 전 신생대 제3기의 전기에 출현하였습니다. 이후 신생대 제4기의 한랭한 빙하기와 온난한 간빙기를 여러 번 거치며 해수면의 상승과 하강, 기후대의 이동 등 극심한 기후환경 변화에 적응하며 진화를 거듭해온 나비랍니다. 일본, 대만, 중국, 유럽 동부, 동남아시아, 히말라야, 인도, 아프리카까지 널리 분포하여 서식하는 온난대성 나비예요.

나비학자 석주명 선생은 노랑나비의 이름에 대해 1947년 「조선생물학회」에 발표한 『조선 나비 이름의 유래기』에 다음과 같이 기록했습니다. "흰나비와 상응한 종류로 고래로 널리 또 많이 쓰인 이름이다. 이 종류는 전국에 분포되었다."

애벌레는 토끼풀, 벌노랑이, 아카시, 비수리, 자운영 등 콩과식물의 잎을 먹고 자랍니다. 성충은 날개를 편 길이가 4.5~5cm로 이른 봄부터 가을까지 3~4회 발생하며, 낮은 산과 논밭의 야생화에서 꿀을 빠는 모습을 흔히 볼 수 있어요. 겨울에는 2~3령 애벌레 상태로 혹독한 추위를 견딥니다.

노랑나비는 전국적으로 분포하며 남부와 중부지방에서는 북부지방보다 약 2주 정도 출현 시기가 빨라지고 있어요. 기후변화의 영향으로

| 노랑나비(울진 곤충여행관, 2008.10.18.)

계절에 따른 발생횟수와 출현시기, 군집변화, 분포변화 등이 달라질 것
으로 예상되어 농촌진흥청에서는 「기후변화 지표나비」로 지정하여 관
리하고 있습니다.

토끼풀은 사랑을 싣고

노랑나비 애벌레의 대표적인 먹이식물인 토끼풀_{일명 클로버}은 잔디밭처
럼 풀을 자주 깎아주는 곳에서 잘 살아요. 그러나 주변에 풀이 무성하
면 광합성을 하지 못해 자연스럽게 도태되어 사라집니다. 지금으로부
터 약 40여 년 전만 해도 대다수 논두렁과 밭두렁은 토끼풀이 군락을
이루었습니다. 이들은 일정한 범위 안의 생물 군집 가운데 가장 넓은

면적을 차지하거나 개체수가 많은 이른바 '우점종'이었는데요. 농부들이 자주 낫으로 베거나 직접 소를 끌고 가 주변의 풀을 뜯어 먹게 해서 토끼풀이 더 잘 자랄 수 있었던 것입니다.

하지만 농촌사회가 점점 고령화하고 각종 농기계가 발달하여 농사에 소가 필요 없게 되자 논두렁의 풀이 골칫덩어리로 전락하게 되었습니다. 농민들은 풀을 손쉽게 제거하는 방법을 찾게 되었고, 결국 논두렁에 불을 질러 태우거나 제초제를 뿌렸습니다. 두 가지 방법 모두 대기와 토양을 오염시켰고, 기후변화에도 악영향을 미쳤습니다.

논두렁에 불을 지르거나 제초제를 뿌리면 풀과 더불어 사는 생물까지 모두 죽습니다. 노랑나비의 애벌레가 해치는 식물이라고 해봐야 고작 토끼풀과 몇몇 콩과식물인데요, 그런 걸 생각하면 이런 방법은 참으로 잔인합니다. 특히 제초제*를 뿌리면 땅속 미생물까지 죽게 되어 유기물 분해가 이루어지지 않습니다. 게다가 토양 속에 독극물이 남아 있다가 재배하는 농작물에 스며들어 우리 인간의 건강을 위협하게 되지요.

* 제초제: 식물을 죽이는 화학물질로 농약의 일종이다. 농촌진흥청에 등록된 종류만 해도 800여 종이나 된다. 동식물과 미생물의 지방 합성, 아미노산 합성, 세포막 합성, 광합성 등을 방해하며, 색소체와 묘목 생장, 호르몬 작용을 교란시키는 역할을 한다. 토양과 수질오염 등 2차 피해도 일으킨다.

잔디는 다른 야생초와 같이 섞여 있으면 생존경쟁에서 밀립니다. 그래서 모든 골프장에서 잔디밭에 난 토끼풀을 뽑는 게 아주 일상이 되어버렸지요. 이때 뽑기만 하면 그나마 다행입니다. 일손을 줄인다며 아예 잔디를 제외한 식물을 골라 죽이는 선택성 제초제를 뿌리기도 하는데요. 마치 토끼풀이 무슨 암적인 존재라도 되는 듯 마구 죽이는 것입니다.

잔디밭 한편에 토끼풀 군락이 있으면 어떤가요? 제거하기보다는 함께 살아가는 발상의 전환이 필요한 때입니다. 꽃반지와 꽃팔찌, 화관도 만들고 행운의 네잎클로버도 찾는 감성과 추억을 만드는 장소가 되어 토끼풀 꽃밭에 사랑하는 가족과 연인들이 앉아있는 모습을 상상해보세요. 가끔 노랑나비가 날아와 춤을 춘다면 얼마나 아름다울까요?

나비는 먹는 식물만 먹는 기주특이성이 있어요. 토끼풀이 없으면 농촌의 사랑둥이 노랑나비가 살 수 없습니다. 노랑나비는 먹거리 농작물의 꽃에서 수분을 해주고, 수정되면 열매에서 씨앗을 퍼뜨려주어 농산물을 포함해 산과 들을 생태적으로 풍요롭게 해준다는 것, 잊지 말아야겠죠?

180년 전의 기후변화 지표나비

남계우 화백의 〈군접화훼도 群蝶花卉圖〉를 보면, 왼쪽에는 제비나비, 꼬리명주나비, 호랑나비, 네발나비가 있고, 오른쪽에는 굴뚝나비, 오색나비, 제비나비, 노랑나비, 대만흰나비, 남방공작나비, 호랑나비가 있습니다. 누가 봐도 금방 알 수 있는 종들입니다. 우리 산야에서 자주 보던 나비들이라 그런지 금방이라도 작품에서 살아나와 하늘로 날아갈 것 같습니다.

하지만 일부 그림에 한반도 서식종이 아닌 나비가 등장하기도 합니다. 필자가 소장하고 있는 동양구의 남중국이나 동남아시아 지방과 구북구의 중국 중부와 북부 지방에 서식하는 종들과 유사한 나비들이 있거든요. 특히 앞날개 기부 위쪽으로 붉은색 띠가 있는 멤논제비나비류Papilio memnon의 유미형 암컷이 그려져 있는 것을 볼 수 있어요.

석주명 선생이 신문 〈고려시보〉에 기고한 글 「일호(一濠) 남계우(南啓宇)에 접도(蝶圖)에 대(對)해서」에 등장하는 일화에서처럼, 남화백이 나비를 따라 10리를 쫓아갔다는 것은 과장된 이야기지만, 이것은 그만큼 나비 작품에 대단한 열정을 가졌다는 의미겠지요?

대다수 나비는 포충망으로 채집하려다 한번 놓치면 멀리 높이 날아가버리기 때문에 잡기 힘들어집니다. 이럴 땐 그 자리에서 기다려보세요. 나비들에겐 일정한 패턴을 따라 날아다니는 나비길butterfly road 蝶路 접로이 있다고 했지요? 그러니 인내심을 가지고 기다리면 다시 마주칠 확률이 크답니다. 약 4km나 되는 먼 거리를 계속 따라가 마침내 잡았다는 일화는 그냥 에피소드일 뿐입니다.

그림에는 환경부에서 지정한 「기후변화 생물지표종」에 속하는 나비가 나오지 않습니다. 이들은 모두 현재 남쪽 지방에서 북상하는 종들이라 그 당시에는 서울·경기 지방에 서식하지 않았거든요. 하지만 농

〈군접화훼도(群蝶花卉圖)〉 (남계우, 종이에 수묵채색, 127.9cm x 28.8cm, 국립중앙박물관 소장)

촌진흥청에서 지정한 「기후변화 지표생물」에 속하는 나비는 두 종이 그려져 있습니다. 바로 농사철 기상 예보관 호랑나비와 농번기의 사랑둥이 노랑나비입니다. 이들은 모두 농민들의 고된 일터에서 함께하며 아름다운 춤으로 위로하는 멋진 친구들이죠.

작지만 아름다운 실천

노랑나비는 우리 곁에서 먹거리 농작물의 꽃에서 수분을 해주어 농산물을 포함하여 산과 들을 생태적으로 풍요롭게 해줍니다. 이 친구가 아름다운 춤사위로 농민들의 고달픈 마음을 달랠 수 있도록 논두렁과 밭두렁에 제초제를 뿌리지 않는 작은 실천을 기대해봅니다.

날개 확대 사진으로 읽는
기후 생태 환경 이야기

노랑나비의 빨간색 동그라미 부분을 실체현미경으로 확대한 사진에서
저자가 본 모습과 다른 어떤 모습의 그림이 연상되는지
상상력을 발휘해보세요.

물은 스스로 길을 낸다

작은 불씨가 온 산을 집어삼키듯, 작은 물방울이 모여 온 동네를 휩쓸

어버려요. 홍수가 났을 때 물을 보면 옛말에 '물이 불보다 무섭다.'라는

말이 실감 납니다. 물은 거침이 없어요. 물은 스스로 물길을 내요. 물

은 낮은 곳으로만 흘러가요. 때로는 겸손하지만 화가 나면 무서워요.

우리는 이제 깨달아야 해요. 폭탄처럼 내리는 비는 기후변화 재앙이

시작되었다는 것을 말이에요.

노랑나비 암컷(우), 윗면 오른쪽 뒷날개 기부
담양 에코센터, 2014.5.28.
실체현미경 ×7배

발자국이 닮았네

탄소 발자국(Carbon footprint)은 인간이 상품을 생산하고 소비하는 과정에서 발생하는 모든 이산화탄소의 양입니다. 온실가스 발생량을 이산화탄소 배출량으로 환산하여 제품에 표시하고 있어요.

생태 발자국(Ecological footprint)은 인간이 생활하며 주변 지역에 미치는 환경 영향 물질입니다. 폐기물을 처리하는데 필요한 토지면적으로 환산하여 나타냅니다.

| 노랑나비 암컷(♀)과 수컷(♂), 윗면 왼쪽 뒷날개 전연과 외연
| 2014.5.28. 담양 에코센터
| 실체현미경 ×4배

265

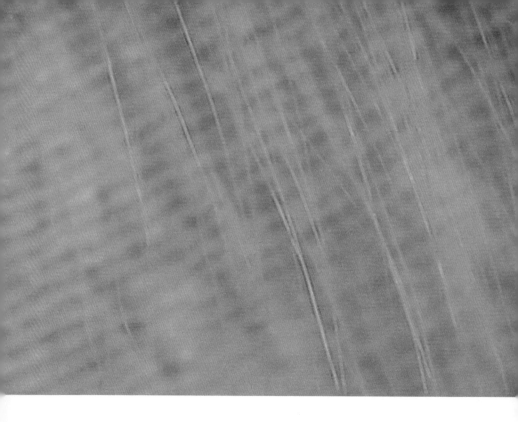

비는 내리고

비가 오면 비를 맞고 싶어요. 빗속을 하염없이 달려보고 싶습니다. 여러분도 온몸으로 비를 맞고 걸어본 적 있나요? 요즘에는 산성비 때문에 비 맞는 사람이 거의 보이지 않습니다.

| 노랑나비 암컷(우), 윗면 오른쪽 뒷날개 후연
| 담양 에코센터, 2014.5.28.
| 실체현미경 ×45배

화석연료, 석탄

석탄石炭은 육상식물이 매몰되어 퇴적된 후 고생대 석탄기에 열과 압력을 받아 형성된 검은색의 암석으로 불에 잘 타는 물질입니다. 미세먼지와 온실가스를 배출하여 지구 온난화를 일으키는 기후변화와 친한 화석연료랍니다.

| 노랑나비 수컷(♂), 윗면 왼쪽 앞날개 중앙 중부
| 담양 에코센터, 2014.5.29.
| 실체현미경 ×30배

267

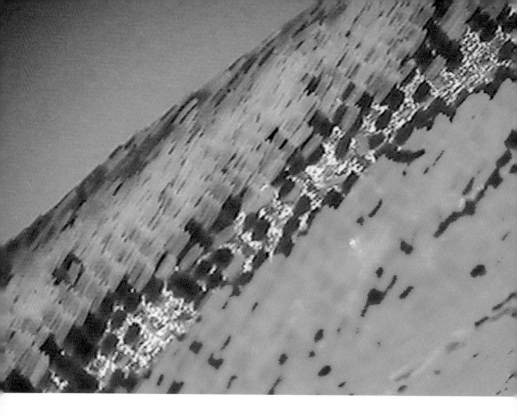

무지개 속 미세먼지

무지개는 공기 중의 작은 물방울에 태양광선이 굴절, 반사, 분산되면서
나타나는 기상 현상입니다. 태양의 반대편에 생기며 빨주노초파남보의
연속적인 스펙트럼을 가집니다. 맑은 날에 잠깐 내리는 여우비가 오면
잘 나타납니다. 이제는 무지개 속에도 미세먼지가 섞여 있다니 슬퍼요.

| 노랑나비 수컷(♂), 윗면 오른쪽 앞날개 전연 하부
| 담양 에코센터, 2014.5.29.
| 실체현미경 ×45배

람사르 습지

람사르Ramsar 협약에서 생물 지리학적 특징이 있거나 희귀 동식물의 서식지로서 보호할 만한 가치가 있다고 판단되어 지정된 습지로 우리 나라에는 24곳이 있어요. 습지는 소택지, 습원, 이탄지 등 모든 물로 된 지역 즉, 갯벌, 호수, 하천, 양식장, 해안, 논까지 포함됩니다. 많은 양의 이산화탄소를 흡수하고 산소를 배출하기 때문에 지구 온난화를 늦추 는 중요한 역할을 해요.

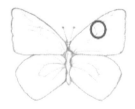

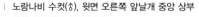
노랑나비 수컷(♂), 윗면 오른쪽 앞날개 중앙 상부
담양 에코센터, 2014.5.29.
실체현미경 ×45배

명탐정, 감시자

쓰레기를 슬그머니 버리는 사소한 행동이 지구를 병들게 합니다. 그 병이 다시 당신에게 감염되어 당신을 아프게 합니다. 지금 누군가 당신을 노려보고 있습니다.

| 노랑나비 수컷(♂), 윗면 오른쪽 겹눈 주위
| 담양 에코센터, 2014.5.29.
| 실체현미경 ×45배

무령왕과 왕비 금제관식

국보 154호와 155호인 백제 무령왕과 왕비의 금제관식은 1,500여 년
전 왕이 의전행사 때에 쓰는 왕관의 양옆에 꽂는 불꽃 모양의 황금장
식입니다. 자세히 보면 비대칭이지만 전체적인 모습은 안정감 있는 대
칭으로 화려함의 극치를 보여줍니다.

  | 사진제공: 공주국립박물관

| 노랑나비 수컷(♂), 윗면 머리 주위
| 담양 에코센터, 2014.5.29.
| 실체현미경 ×45배

271

에필로그 _ 나비효과와 기후변화 대응

나비효과Butterfly Effect

"전라남도 담양에서 한여름 밤 호랑나비 한 마리가 더위에 뒤척이다가 날개를 파닥거린다. 이 날갯짓의 열풍은 연쇄적으로 공기를 증폭시켜 일파만파의 파장으로 세력을 키워나간다. 결국 엄청난 폭풍이 되어 대한민국의 수도 서울특별시를 초토화하고 엄청난 재앙을 초래한다."

약간 과장되고 황당한 이야기처럼 들리겠지만 '나비효과' 이론의 모티브가 되는 한 사례입니다. 나비효과는 '작은 자극이 엄청난 결과를 가져올 수 있다.'는 개념이랍니다. 그렇다면 브라질에 있는 나비 한 마리의 날갯짓이 미국 텍사스에 토네이도를 불러올 수 있을까요?

대답은 이론상으로 "Yes"입니다. 아시아의 인도네시아에서 일어난 지진이 바다에 해일을 일으켜 태평양 반대편 끝의 아메리카 대륙에 쓰나미로 나타나는 현상을 방송에서 봤을 겁니다. 이런 것처럼 '브라질에서 나비 한 마리가 파닥거리는 날갯짓이 연쇄적으로 공기가 증폭되어 미국의 텍사스 지방에서 일파만파의 파장으로 토네이도가 발생하는 결과로 이어질 수 있다'고 설명되는 약간 과장된 이야기죠. 하지만 이 이야기 역시 전 세계에 '나비효과'가 되어 급속도로 퍼져 이론처럼 되어버렸습니다.

'나비효과'란 개념은 1952년 미스터리 작가인 브래드버리Ray D. Bradbury가 단편소설 「천둥소리A Sound of Thunder」에서 처음 사용했어요. 「천둥소리」는 시간여행을 다룬 미스터리 소설인데요, 이 이론을 대중에게 널리 전파한 사람은 기상학자 로렌츠Edward Norton Lorenz*입니다. 그는 1961년에 기상관측 모델 연구를 하면서 '나비효과'를 발표하여 대중에게 널리 알렸습니다. 로렌츠는 컴퓨터 시뮬레이션을 통해 기상 변화를 예측하는 과정에서 정확한 초기 값인 0.506127 대신 소수점 네자리 이하인 0.000127를 생략한 0.506만 입력했답니다. 그 결과 아래 그래프처럼 전혀 다른 결과가 나온 거예요. 아주 작은 수치 차이가 '아주 맑음'과 '천둥번개'라는 완전히 다른 기후 패턴으로 나타난 것입니다.

* 로렌츠: 메사추세츠 공대(MIT) 기상학과 교수로 기상 예측에 중대한 공헌을 하였다. '나비 효과'가 날씨뿐만 아니라 우리 주변의 여러 현상에도 적용된다는 것을 알아내고 '카오스 이론'을 정립한 카오스 이론의 아버지로 불린다. '카오스 이론'은 작은 변화가 예측할 수 없는 엄청난 결과를 낳기도 하고, 반대로 아주 혼란스러운 현상에서도 어떤 질서가 존재한다는 것을 설명하려는 이론이다.

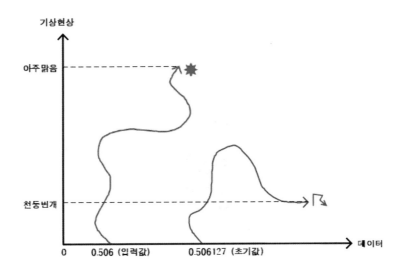

| 데이터 값의 미세한 차이에 의한 기상변화를 알려주는 나비효과 그래프

'아주 미약한 바람의 변화가 지구 기상을 엄청나게 변화시키는 효과를 낳는다.'는 이론으로 그는 1972년 '나비효과' 논문을 발표했습니다. '미세한 변화가 발단이 되어 예상하지 못한 엄청난 파급효과를 가져올 수 있다.'는 이 이론은 이제 기상 과학뿐만 아니라 인문 사회 경제 등 사회 전반에 걸쳐 널리 적용되고 있지요.

기후변화의 원인과 우리의 대응

기후변화를 일으키는 가장 큰 원인은 온실가스온실기체의 증가입니다. 지구의 기온이 올라가는 것은 온실가스가 지구에 들어오는 태양 복

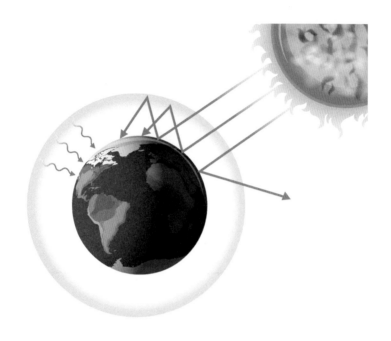

| 온실 효과

사에너지는 쉽게 통과시킵니다. 하지만 대기권 밖으로 방출하는 지구 복사에너지는 일부를 흡수하여 지구 표면으로 재방출하기 때문입니다. 온실가스에 의해 지구 표면의 평균 온도가 높게 유지되는 현상을 온실효과라고 합니다.

마치 창문을 닫은 자동차 속이나 비닐하우스처럼 열을 가두어 지구의 온도를 따뜻하게 유지하는 기체들입니다. 그중 가장 크게 영향을 미치는 여섯 가지 온실가스 종류와 발생 원인, 비율을 볼게요.

No.	온실가스 종류	발생 원인	비율(%)
1	이산화탄소(CO_2)	화석연료, 산림벌채	91
2	메탄(CH_4)	가축사육, 음식물 쓰레기	4
3	아산화질소(N_2O)	석탄 폐기물 소각, 화학비료	2
4	육불화황(SF_6)	전자제품, 변압기 등 절연체	3
5	수소불화탄소(HFCs)	에어컨 냉매, 스프레이 제품	
6	과불화탄소(PFCs)	반도체 세정제	

*환경부(2018년 자료)

　　온실가스를 많이 배출하게 되면 기후가 온난화되고 기온 상승에 따른 기후변화의 결과가 부메랑처럼 작용하여 동·식물과 인간에게 큰 피해로 되돌아옵니다. 농산물과 임산물, 수산물 등의 생산량 감소, 생태계의 계절 변화, 개체수와 무리 변화, 서식지 분포 변화, 인류 질병 증가 등 기후재앙을 일으킵니다. 이러한 재앙을 막기 위하여 우리가 당장 실천해야 할 운동이 세 가지 있습니다. 바로 탄소 다이어트, 탄소 중립, 미세먼지 줄이기입니다.

　　첫째, '탄소 다이어트'입니다. 지구 온난화를 일으키는 온실가스 중 가장 많은 부분을 차지하는 탄소의 배출량을 줄여 기후위기에 대응하자는 실천 운동입니다. 우리가 할 수 있는 작은 실천으로는 재사용과 재활용으로 쓰레기 줄이기, 일회용품 줄이고 장바구니 사용하기, 대중

교통이나 자전거 이용하기, 실내에서 적정 온도 유지하기, 물 아껴 쓰기 같은 일들입니다. 겉으론 별것 아닌 일로 보이지만 모두가 탄소 발생을 줄이는 활동이에요.

둘째, '탄소 중립'입니다. 우리나라를 비롯한 세계 각국은 '2050 탄소 중립 시대'를 목표로 노력하고 있어요. 개인이나 기업 등에서 배출한 이산화탄소의 양만큼 다시 흡수하는 대책을 세워 탄소 배출량을 '0$_{zero}$'이 되게 하여 탄소 총량을 중립상태로 만든다는 실천 운동입니다. 실천 방안으로는 배출한 탄소의 양만큼 숲을 조성하고, 신재생에너지* 사용을 확대하며, 탄소 배출권*을 구매하는 일입니다.

---

* 신재생에너지: 풍력, 수력, 조력, 파력, 태양열, 태양광, 바이오매스, 지열 등 기존의 화석연료를 재활용하거나 재생 가능한 에너지로 변환시켜 이산화탄소 배출이 거의 없는 친환경 에너지 시스템이다.
* 탄소 배출권: 지구 온난화를 일으키는 온실가스 중에서 비중이 가장 높은 이산화탄소를 배출할 수 있는 권리로 할당받은 기업은 남거나 부족한 배출권을 시장에서 거래할 수 있다.

셋째, '미세먼지 줄이기'입니다. 미세먼지란 석유 석탄 천연가스 같은 화석연료를 사용할 때 발생하는 유해 물질인데요, 크기가 입자의 지름이 10μm_마이크로미터_ 이하로 눈에 보이지 않습니다. 2.5μm 이하가 되면 '초미세먼지'라고 해요. 이에 비해 황사는 자연적인 풍화작용에 의

해 일어난 먼지를 말합니다. 대기 중의 미세먼지를 줄이기 위한 실천운
동으로 개인은 플라스틱 사용 자제, 생활 속 쓰레기 줄이기, 자동차 운
행을 줄이고 자전거 타기나 걷기 운동 등을 들 수 있겠네요. 기업이나
국가의 차원에서는 나무심기, 플라스틱 제품 생산 억제, 친환경차 보급
확대를 위한 신산업 육성, 국가적 신재생 에너지 개발에 박차를 가해
야 하고요.

구분	초미세먼지	미세먼지	오존	온도, 습도
측정				
좋음	0~15㎍/㎥	0~30㎍/㎥	0.0~0.03㎍/㎥	당일 측정치
보통	16~35㎍/㎥	31~80㎍/㎥	0.031~0.09㎍/㎥	
나쁨	36~75㎍/㎥	81~150㎍/㎥	0.091~0.15㎍/㎥	

| 호남기후변화체험관 대기 알리미

기후변화 대응을 위한 작은 실천

필자는 환경부에서 선정한 「국가 기후변화 나비지표종」 7종이 기후에
어떻게 민감하게 반응하고 대응하고 있는지, 농촌진흥청에서 지정한

「기후변화 지표나비」 4종에 속하는 나비들이 기후변화로 인한 계절별 발생횟수와 출현시기, 군집변화, 분포변화 등이 농업부문에 어떤 영향을 미치는지 알아봤습니다.

　기후변화 대응에 대한 국제적인 노력은 기후변화에 관한 정부간 협의체나 기후변화 협약 등을 통하여 계속되고 있어요. 우리나라에서도 국제공조를 통하여 기후변화 대응에 동참하고 연대하고 있지요. 하지만 필자는 이런 거시적인 관점에서의 기후변화 대응을 논하자는 것이 아닙니다. 독자 개개인이 기후변화 대응 방법으로 기후변화에 대한 적응과 온실가스 감축 활동을 제안하고 행동을 이끌어내기 위하여 이 글을 쓰게 되었습니다.

　과학기술 전문가이며 비즈니스 리더, 자선사업가요 마이크로소프트 창업자인 빌 게이츠Bill Gates는 최근에 『기후재앙을 피하는 법How to avoid a climate disaster』이라는 책을 출간했어요. 이 책에 나오는 다음과 같은 문장이 마음에 와 닿습니다. "아무것도 바꾸지 않는다면 우리는 계속 온실가스를 배출할 것이고, 지속된 기후변화는 재앙이 되고 말 것이다.""세상에는 기후변화와 같이 우리가 지금 당장 행동하지 않으면 너무 늦어지는 문제들이 있어요."*라고 말한 전 미국 대통령 버락 오바마의 이야기 역시 우리가 지금 당장 기후변화 문제에 대하여 작은 행동이나마 실천에 옮겨야 할 때임을 알려줍니다.

---

* "There are some issues like climate change that we have to do something now or will be too late."
2021.8.8. TV 월간 커넥트, 전 미국 대통령 버락 오바마와 인터뷰.

이제 기후변화 지표나비 10종의 마지막 글에서 제시한 '작지만 아름다운 실천' 열 가지 중에서 한 가지만이라도 직접 해나가는 의지를 보여줄 때입니다. 티끌 같은 사소한 아름다운 행동이 '나비효과'가 되어 지구를 살리는 커다란 변화의 바람을 일으킬 것입니다. 지구 온난화에 신속하게 대응하지 못한다면 한반도의 모든 나비 또한 '나비효과'의 물결을 타고, 가고 싶지 않은 '기후변화 나비여행'을 떠날 수밖에 없을 테니까요.

〈부록 1〉 나비 애벌레의 먹이식물

〈표 1〉 호랑나비과(Papilionidae) 먹이식물

과 Family	나비 Butterflies	학명 Scientific name	먹이식물 Host plants, 寄主植物
호랑나비과 Papilionidae	1. 애호랑나비	*Luehdorfia puziloi*	족도리풀(쥐방울덩굴과)
	2. 모시나비	*Parnassius stubbendorfii*	현호색(현호색과)
	3. 붉은점모시나비	*Parnassius bremeri*	기린초(돌나물과)
	4. 꼬리명주나비	*Sericinus montela*	쥐방울덩굴(쥐방울덩굴과)
	5. 사향제비나비	*Atrophaneura alcinous*	등칡(쥐방울덩굴과)
	6. 호랑나비	*Papilio xuthus*	황벽(운향과)
	7. 산호랑나비	*Papilio machaon*	유자(운향과)
	8. 긴꼬리제비나비	*Papilio macilentus*	머귀나무(운향과)
	9. 남방제비나비	*Papilio protenor*	귤(운향과)
	10. 제비나비	*Papilio bianor*	탱자(운향과)
	11. 산제비나비	*Papilio maackii*	머귀나무(운향과)
	12. 청띠제비나비	*Graphium sarpedon*	후박나무(녹나무과)
	13. 무늬박이제비나비	*Papilio helenus*	탱자나무(운향과)

〈표 2〉 흰나비과(Pieridae) 먹이식물

과 Family	나비 Butterflies	학명 Scientific name	먹이식물 Host plants, 寄主植物
흰나비과 Pieridae	14. 기생나비	*Leptidea amurensis*	갈퀴나물(콩과)
	15. 북방기생나비	*Leptidea morsei*	등갈퀴나물(콩과)
	16. 남방노랑나비	*Eurema mandarina*	비수리(콩과)
	17. 극남노랑나비	*Eurema laeta*	자귀나무(콩과)
	18. 멧노랑나비	*Gonepteryx maxima*	갈매나무(갈매나무과)
	19. 각시멧노랑나비	*Gonepteryx aspasia*	털갈매나무(갈매나무과)
	20. 노랑나비	*Colias erate*	토끼풀(콩과)
	21. 갈구리나비	*Anthocharis scolymus*	냉이(십자화과)
	22. 상제나비	*Aporia crataegi*	개살구(장미과)
	23. 배추흰나비	*Pieris rapae*	배추(십자화과)
	24. 대만흰나비	*Artogeia canidia*	나도냉이(십자화과)
	25. 큰줄흰나비	*Pieris melete*	케일(십자화과)
	26. 줄흰나비	*Artogeia dulcinea*	꽃황새냉이(십자화과)
	27. 풀흰나비	*Pontia daplidice orientalis*	콩다닥냉이(십자화과)

〈표 3〉부전나비과(Lycaenidae) 먹이식물

과 Family	나비 Butterflies	학명 Scientific name	먹이식물 Host plants, 寄主植物
	28. 바둑돌부전나비	*Taraka hamada*	조릿대 서식하는 일본납작진딧물
	29. 남방남색꼬리부전나비	*Arhopala bazalus*	돌참나무(참나무과)
	30. 남방남색부전나비	*Arhopala japonica*	종가시나무(너도밤나무과)
	31. 선녀부전나비	*Artopoetes pryeri*	쥐똥나무(물푸레나무과)
	32. 붉은띠귤빛부전나비	*Coreana raphaelis*	물푸레나무(물푸레나무과)
	33. 금강산귤빛부전나비	*Ussuriana michaelis*	쇠물푸레나무(물푸레나무과)
	34. 암고운부전나비	*Thecla betulae*	복숭아나무(장미과)
	35. 민무늬귤빛부전나비	*Shirozua jonasi*	갈참나무, 진딧물
	36. 귤빛부전나비	*Jopnica lutea*	떡갈나무(너도밤나무과)
	37. 시가도귤빛부전나비	*Japonica saepestriata*	떡갈나무(너도밤나무과)
	38. 참나무부전나비	*Wagimo signata*	신갈나무(너도밤나무과)
	39. 긴꼬리부전나비	*Araragi enthea*	가래나무(가래나무과)
	40. 물빛긴꼬리부전나비	*Antigius attilia*	상수리나무(너도밤나무과)
부전나비과 Lycaenidae	41. 담색긴꼬리부전나비	*Antigius butleri*	갈참나무(너도밤나무과)
	42. 깊은산부전나비	*Protantigius superans*	사시나무(버드나무과)
	43. 남방녹색부전나비	*Thermozephyrus ataxus*	붉가시나무(너도밤나무과)
	44. 작은녹색부전나비	*Neozephyrus japonicus*	오리나무(자작나무과)
	45. 북방녹색부전나비	*Chrysozephyrus brillantinus*	신갈나무(너도밤나무과)
	46. 암붉은점녹색부전나비	*Chrysozephyrus smaragdinus*	벚나무(장미과)
	47. 은날개녹색부전나비	*Favonius saphirinus*	갈참나무(너도밤나무과)
	48. 큰녹색부전나비	*Favonius orientalis*	신갈나무(너도밤나무과)
	49. 깊은산녹색부전나비	*Favonius korshunovi*	신갈나무(너도밤나무과)
	50. 검정녹색부전나비	*Favonius yuasai*	상수리나무(너도밤나무과)
	51. 금강산녹색부전나비	*Favonius ultramarinus*	떡갈나무(너도밤나무과)
	52. 넓은띠녹색부전나비	*Favonius cognatus*	떡갈나무(너도밤나무과)
	53. 산녹색부전나비	*Favonius taxila*	신갈나무(너도밤나무과)
	54. 북방쇳빛부전나비	*Callophrys frivaldszkyi*	조팝나무(장미과)
	55. 쇳빛부전나비	*Callophrys ferreus*	진달래(진달래과)(장미과)

나비	학명	먹이식물
Butterflies	Scientific name	Host plants, 寄主植物
56. 범부전나비	*Rapala caerulea*	고삼(콩과)
57. 울릉범부전나비	*Rapala arata*	아카시나무(콩과)
58. 민꼬리까마귀부전나비	*Satyrium herzi*	귀룽나무(장미과)
59. 까마귀부전나비	*Fixsenia w–album*	느릅나무(느릅나무과)(벚나무과)
60. 참까마귀부전나비	*Fixsenia eximia*	참갈매나무(갈매나무과)
61. 꼬마까마귀부전나비	*Fixsenia prunoides*	조팝나무(장미과)
62. 벚나무까마귀부전나비	*Satyrium pruni*	왕벚나무(장미과)
63. 북방까마귀부전나비	*Satyrium spini latior*	갈매나무(갈매나무과)
64. 쌍꼬리부전나비	*Spindasis takanonis*	마쓰무라꼬리치레개미와 공생
65. 작은주홍부전나비	*Lycaena phlaeas*	소리쟁이(마디풀과)
66. 큰주홍부전나비	*Lycaena dispar*	참소리쟁이(마디풀과)
67. 담흑부전나비	*Niphanda fusca*	일본왕개미와 공생
68. 물결부전나비	*Lampides boeticus*	편두(콩과)
69. 극남부전나비	*Zizina otis*	매듭풀(콩과)
70. 남방부전나비	*Zizera maha*	괭이밥(괭이밥과)
71. 산푸른부전나비	*Celastrina sugitanii*	황벽나무(운향과)
72. 푸른부전나비	*Celastrina argiolus*	싸리(콩과)
73. 회령푸른부전나비	*Celastrina oreas*	가침박달(장미과)
74. 암먹부전나비	*Cupido argiades*	매듭풀(콩과)
75. 먹부전나비	*Tongeia fischeri*	바위채송화(돌나물과)
76. 작은홍띠점박이푸른부전나비	*Scolitandides orion*	기린초(돌나물과)
77. 큰홍띠점박이푸른부전나비	*Shijimiaeoides divinus*	고삼(콩과)
78. 산꼬마부전나비	*Plebejus argus*	가시엉겅퀴(국화과)
79. 산부전나비	*Lycaeides subsolanus*	갈퀴나물(콩과)
80. 부전나비	*Lycaeides argyronomon*	갈퀴나물(콩과)
81. 북방점박이푸른부전나비	*Maculinea kurentzovi*	오이풀(장미과) 코토쿠뿔개미와 공생
82. 고운점박이푸른부전나비	*Maculinea teleius*	오이풀(장미과),코토쿠뿔개미와 공생
83. 큰점박이푸른부전나비	*Maculinea arionides*	거북꼬리(쐐기풀과) 코토쿠뿔개미와 공생
84. 뾰족부전나비	*Curetisacuta*	칡(콩과식물)
85. 소철꼬리부전나비	*Chilades pandava*	소철(소철과)

〈표 4〉 네발나비과(Nymphalidae) 먹이식물

과 Family	나비 Butterflies	학명 Scientific name	먹이식물 Host plants, 寄主植物
	86. 뿔나비	*Libythea lepita*	풍게나무(느릅나무과)
	87. 봄어리표범나비	*Mellitaea britomartis*	질경이(질경이과)
	88.여름어리표범나비	*Mellicta ambigua*	냉초(현삼과)
	89. 담색어리표범나비	*Melitaea protomedia*	마타리(마타리과)
	90. 암어리표범나비	*Melitaea scotosia*	수리취(국화과)
	91. 금빛어리표범나비	*Eurodryas davidi*	인동(인동과)
	92. 작은은점선표범나비	*Clossiana perryi*	졸방제비꽃(제비꽃과)
	93. 큰은점선표범나비	*Clossiana oscarus*	각종 제비꽃(제비꽃과)
	94. 산꼬마표범나비	*Boloria thore*	졸방제비꽃(제비꽃과)
	95. 작은표범나비	*Brenthis ino*	터리풀(장미과)
	96. 큰표범나비	*Brenthis daphne*	오이풀(장미과)
	97. 흰줄표범나비	*Argyronome laodice*	각종 제비꽃(제비꽃과)
	98. 큰흰줄표범나비	*Argyronome ruslana*	각종 제비꽃(제비꽃과)
네발나비과	99. 구름표범나비	*Argynnis anadyomene*	각종 제비꽃(제비꽃과)
Nymphalidae	100. 암검은표범나비	*Damora sagana*	각종 제비꽃(제비꽃과)
	101. 은줄표범나비	*Argynnis paphia*	각종 제비꽃(제비꽃과)
	102. 산은줄표범나비	*Childrena zenobia*	각종 제비꽃(제비꽃과)
	103. 은점표범나비	*Fabriciana niobe*	각종 제비꽃(제비꽃과)
	104. 긴은점표범나비	*Argynnis vorax*	각종 제비꽃(제비꽃과)
	105. 왕은점표범나비	*Argynnis nerippe*	각종 제비꽃(제비꽃과)
	106. 풀표범나비	*Speyeria aglaja*	각종 제비꽃(제비꽃과)
	107. 암끝검은표범나비	*Argyreus hyperbius*	종지나물(제비꽃과)
	108. 제일줄나비	*Limenitis helmanni*	인동구슬댕댕이(인동과)
	109. 제이줄나비	*Limenitis doerriesi*	작살나무(마편초과)
	110. 제삼줄나비	*Limenitis homeyeri*	미확인
	111. 줄나비	*Limenitis camilla*	각시괴불나무(인동과)
	112. 참줄나비	*Limenitis moltrechti*	병꽃나무(인동과)
	113. 참줄사촌나비	*Limenitis amphyssa*	괴불나무(인동과)

나비 Butterflies	학명 Scientific name	먹이식물 Host plants, 寄主植物
114. 굵은줄나비	*Limenitis sydyi*	꼬리조팝나무(장미과)
115. 홍줄나비	*Seokia pratti*	잣나무(소나무과)
116. 왕줄나비	*Limenitis populi*	황철나무(버드나무과)
117. 애기세줄나비	*Neptis sappho*	벽오동(벽오동과)
118. 별박이세줄나비	*Neptis pryeri*	조팝나무(장미과)
119. 높은산세줄나비	*Neptis speyeri*	까치박달(자작나무)
120. 세줄나비	*Neptis philyra*	단풍나무(단풍나무과)
121. 참세줄나비	*Neptis philyroides*	까치박달(자작나무과)
122. 왕세줄나비	*Neptis alwina*	산벚나무(장미과)
123. 중국황세줄나비	*Aldania deliquata*	미확인
124. 황세줄나비	*Neptis thisbe*	졸참나무(너도밤나무과)
125. 산황세줄나비	*Neptis themis*	미확인
126. 두줄나비	*Neptis rivularis*	조팝나무(장미과)
127. 어리세줄나비	*Neptis raddei*	느릅나무(느릅나무과)
128. 거꾸로여덟팔나비	*Araschnia burejana*	거북꼬리(쐐기풀과)
129. 북방거꾸로여덟팔나비	*Araschnia levana*	쐐기풀(쐐기풀과)
130. 산네발나비	*Polygonia c-album*	느릅나무(느릅나무과)
131. 네발나비	*Polygonia c-aureum*	환삼덩굴(뽕나무과)
132. 갈구리신선나비	*Nymphalis l-album*	느릅나무(느릅나무과)
133. 들신선나비	*Nymphalis xanthomelas*	갯버들(버드나무과)
134. 청띠신선나비	*Kaniska canace*	청미래덩굴(장미과)
135. 신선나비	*Nymphalis antiopa*	황철나무(버드나무과)
136. 공작나비	*Aglais io*	쐐기풀(쐐기풀과)
137. 쐐기풀나비	*Aglais urticae*	쐐기풀(쐐기풀과)
138. 작은멋쟁이나비	*Vanessa cardui*	떡쑥(국화과)
139. 큰멋쟁이나비	*Vanessa indica*	느릅나무(느릅나무과)
140. 유리창나비	*Dilipa fenestra*	풍게나무(느릅나무과)
141. 먹그림나비	*Dichorragia nesimachus*	나도밤나무(나도밤나무과)
142. 오색나비	*Apatura ilia*	버드나무(버드나무과)
143. 황오색나비	*Apatura metis*	갯버들(버드나무과)
144. 번개오색나비	*Apatura iris*	호랑버들(버드나무과)

나비	학명	먹이식물
Butterflies	Scientific name	Host plants, 寄主植物
145. 밤오색나비	*Mimathyma nycteis*	느릅나무(느릅나무과)
146. 은판나비	*Mimathyma schrenckii*	느티나무(느릅나무과)
147. 왕오색나비	*Sasakia charonda*	풍게나무(느릅나무과)
148. 흑백알락나비	*Hestina japonica*	풍게나무(느릅나무과)
149. 홍점알락나비	*Hestina assimilis*	팽나무(느릅나무과)
150. 수노랑나비	*Dravira ulupi*	팽나무(느릅나무과)
151. 대왕나비	*Sephisa princeps*	굴참나무(너도밤나무과)
152. 왕나비	*Parantica sita*	박주가리(박주가리과)
153. 애물결나비	*Ypthima argus*	벼(화본과)
154. 물결나비	*Ypthima multistriata*	참억새(화본과)
155. 석물결나비	*Ypthima motschulskyi*	참억새(화본과)
156. 부처나비	*Mycalesis gotama*	주름조개(화본과)
157. 부처사촌나비	*Mycalesis francisca*	실새풀(화본과)
158. 외눈이지옥나비	*Erebia cyclopius*	김의털(벼과)
159. 외눈이지옥사촌나비	*Erebia wanga*	김의털(벼과)
160. 가락지나비	*Aphantopus hyperantus*	김의털(벼과)
161. 함경산뱀눈나비	*Oeneis urda*	김의털(벼과)
162. 참산뱀눈나비	*Oeneis margolica*	김의털(벼과)
163. 시골처녀나비	*Coenonympha amaryllis*	김의털(벼과)
164. 봄처녀나비	*Coenonympha oedippus*	괭이사초(사초과)
165. 도시처녀나비	*Coenonympha hero coreana*	그늘사초(사초과)
166. 산굴뚝나비	*Eumenis autonoe*	김의털(벼과)
167. 굴뚝나비	*Minois dryas*	기름새(벼과)
168. 황알락그늘나비	*Kirinia epaminondas*	바랭이(화본과)
169. 알락그늘나비	*Kirinia epimenides*	참억새(화본과)
170. 뱀눈그늘나비	*Lopinga deidamia*	띠(화본과)
171. 눈많은그늘나비	*Lopinga achine*	참억새(화본과)
172. 먹그늘나비	*Lethe diana*	조릿대(화본과)
173. 먹그늘붙이나비	*Lethe marginalis*	새(화본과)
174. 왕그늘나비	*Ninguta schrenckii*	그늘사초(사초과)
175. 조흰뱀눈나비	*Melanargia epimede*	참억새(화본과)
176. 흰뱀눈나비	*Melanargia halimede*	쇠풀(화본과)

〈표 5〉 팔랑나비과(Hesperiidae) 먹이식물

과 Family	나비 Butterflies	학명 Scientific name	먹이식물 Host plants, 寄主植物
	177. 독수리팔랑나비	*Burara aquilina*	음나무(드릅나무과)
	178. 큰수리팔랑나비	*Burara striata*	음나무(드릅나무과)
	179. 푸른큰수리팔랑나비	*Choaspes benjaminii*	합다리나무(나도밤나무과)
	180. 대왕팔랑나비	*Satarupa nymphalis*	황벽나무(운향과)
	181. 왕자팔랑나비	*Daimio tethys*	단풍마(마과)
	182. 왕팔랑나비	*Lobocla bifasciata*	아까시나무(콩과)
	183. 멧팔랑나비	*Erynnis montanus*	졸참나무(너도밤나무과)
	184. 꼬마흰점팔랑나비	*Pyrgus malvae*	양지꽃(장미과)
	185. 흰점팔랑나비	*Pyrgus maculatus*	양지꽃(장미과)
	186. 은줄팔랑나비	*Leptalina unicolor*	참억새(화본과)
	187. 줄꼬마팔랑나비	*Thymelicus leoninus*	큰기름새(화본과)
	188. 수풀꼬마팔랑나비	*Thymelicus sylvaticus*	큰기름새(화본과)
팔랑나비과 Hesperiidae	189. 꽃팔랑나비	*Hesperia florinda*	그늘사초(사초과)
	190. 황알락팔랑나비	*Potanthus flavum*	기름새(화본과)
	191. 참알락팔랑나비	*Carterocephalus dieckmanni*	기름새(화본과)
	192. 수풀알락팔랑나비	*Carterocephalus silvicola*	기름새(화본과)
	193. 파리팔랑나비	*Aeromachus inachus*	기름새(화본과)
	194. 돈무늬팔랑나비	*Heteropterus morpheus*	큰기름새(화본과)
	195. 지리산팔랑나비	*Isoteinon lamprospilus*	큰기름새(화본과)
	196. 검은테떠들썩팔랑나비	*Ochlodes ochraceus*	참억새(화본과)
	197. 수풀떠들썩팔랑나비	*Ochlodes venatus*	왕바랭이(화본과)
	198. 유리창떠들썩팔랑나비	*Ochlodes subhyalinus*	큰기름새(화본과)
	199. 제주꼬마팔랑나비	*Pelopidas mathias*	바랭이(화본과)
	200. 산줄점팔랑나비	*Pelopidas jansonis*	참억새(화본과)
	201. 줄점팔랑나비	*Parnara guttata*	벼(화본과)
	202. 산팔랑나비	*Polytremis zina*	강아지풀(화본과)

※ 원본 한글파일 퍼가기 제공 : https://blog.naver.com/songk4u→나비 애벌레 먹이식물 LIST

〈부록 2〉 환경부 「국가 기후변화 생물지표종」

〈표 1〉「국가 기후변화 생물지표종」 100종 목록(환경부 국립생물자원관, 2017. 12.)

순번	구분(분류군)			종 명	
				국 명	학 명
1	균 계	균류 (7)	담자균류 (7)	노루궁뎅이	*Hericium erinaceus* (Bull.) Pers.
2				느타리	*Pleurotus ostreatus* (Jacq.) P. Kumm.
3				마귀광대버섯	*Amanita pantherina* (DC.) Krombh.
4				큰갓버섯	*Macrolepiota procera* (Scop.) Singer
5				팽나무버섯	*Flammulina velutipes* (Curtis) Singer
6				표고	*Lentinula edodes* (Berk.) Pegler
7				황소비단그물버섯	*Suillus bovinus* (L.) Roussel
8	원 생 생 물 계	해조 류(7)	녹조류(3)	구멍갈파래	*Ulva australis* Areschoug
9				옥덩굴	*Caulerpa okamurae* Weber–van Bosse in Okamura
10				청각	*Codium fragile* (Suringar) Hariot
11			홍조류(2)	새빨간검둥이	*Neorhodomela aculeata* (Perestenko) Masuda
12				작은구슬산호말	*Corallina pilulifera* Postels & Ruprecht
13			갈조류(2)	그물바구니	*Hydroclathrus clathratus* (C. Agardh) M.A. Howe
14				부챗말	*Padina arborescens* Holmes
15	식 물 계	관속 식물 (39)	양치식물 (6)	도깨비고비	*Cyrtomium falcatum* (L.f.) C. Presl
16				발풀고사리	*Dicranopteris linearis* (Burm.f.)Underw.
17				봉의꼬리	*Pteris multifida* Poir.
18				속새	*Equisetum hyemale* L.
19				실고사리	*Lygodium japonicum* (Thunb.) Sw.
20				콩짜개덩굴	*Lemmaphyllum microphyllum* C. Presl
21			나자식물 (1)	개비자나무	*Cephalotaxus harringtonia* (Knight ex Forbes) K. Koch
22			쌍자엽 식물(31)	개구리발톱	*Semiaquilegia adoxoides* (DC.) Makino
23				계요등	*Paederia scandens* (Lour.) Merr.
24				광대나물	*Lamium amplexicaule* L.
25				굴거리나무	*Daphniphyllum macropodum* Miq.
26				금창초	*Ajuga decumbens* Thunb.
27				까치밥나무	*Ribes mandshuricum* (Maxim.) Kom.
28				꽝꽝나무	*Ilex crenata* Thunb.
29				노각나무	*Stewartia koreana* Nakai ex Rehder
30				다정큼나무	*Rhaphiolepis indicavar.umbellata* (Thunb.) Ohashi
31				돈나무	*Pittosporum tobira* (Thunb.) W. T. Aiton
32				동백나무	*Camellia japonica* L.
33				등대풀	*Euphorbia helioscopia* L.
34				멀구슬나무	*Melia azedarach* L.
35				멀꿀	*Stauntonia hexaphylla* Decne.
36				보리밥나무	*Elaeagnus macrophylla* Thunb.

순번	구분(분류군)			종 명	
				국 명	학 명
37	식물계	관속식물	쌍자엽식물	사람주나무	*Neoshirakia japonica* (Siebold & Zucc.) Esser
38				사스래나무	*Betula ermanii* Cham.
39				사스레피나무	*Eurya japonica* Thunb.
40				상산	*Orixa japonica* Thunb.
41				송악	*Hedera rhombea* (Miq.) Bean
42				수리딸기	*Rubus corchorifolius* L. f.
43				식나무	*Aucuba japonica* Thunb.
44				실거리나무	*Caesalpinia decapetala* (Roth) Alston
45				자금우	*Ardisia japonica* (Thunb.) Blume
46				자주괴불주머니	*Corydalis incisa* (Thunb.) Pers.
47				참식나무	*Neolitsea sericea* (Blume) Koidz.
48				천선과나무	*Ficus erecta* Thunb.
49				큰개불알풀	*Veronica persica* Poir.
50				큰앵초	*Primula jesoana* var. pubescens Takeda & H. Hara ex H. Hara
51				큰잎쓴풀	*Swertia wilfordii* A. Kern.
52				후박나무	*Machilus thunbergii* Siebold & Zucc.
53			단자엽식물 (1)	큰천남성	*Arisaema ringens* (Thunb.) Schott
54	동물계	무척추동물 (22)	연체동물 (1) 복족류 (1)	큰입술갈고둥	*Nerita albicilla* Linnaeus
55			거미류 (5)	대륙납거미	*Uroctea lesserti* Schenkel
56				꼬마호랑거미	*Argiope minuta* Karsch
57				남녘납거미	*Uroctea compactilis* L. Koch
58				무당거미	*Nephila clavata* L. Koch
59				산왕거미	*Araneus ventricosus* L. Koch
60			절지동물 (21) 갑각류 (1)	검은큰따개비	*Tetraclita japonica* Pilsbry
61			곤충류 (15)	각시메뚜기	*Patanga japonica* Bolivar
62				남방노랑나비	*Eurema mandarina* del'Orza
63				남색이마잠자리	*Brachydiplax chalybea flavovittata* Ris
64				넓적배사마귀	*Hierodula patellifera* Serville
65				말매미	*Cryptotympana atrata* Fabricius
66				먹그림나비	*Dichorragia nesimachus* Doyère
67				무늬박이제비나비	*Papilio helenus* Linnaeus
68				물결부전나비	*Lampides boeticus* Linnaeus)
69				배물방개붙이	*Dytiscus marginalis czerskii* Zaitzev
70				연분홍실잠자리	*Ceriagrion nipponicum* Asahina
71				좀매부리	*Euconocephalus nasutus* Thunberg
72				철써기	*Mecopoda niponensis* De Haan

순번	구분(분류군)				종 명	
					국 명	학 명
73	무척추동물	절지동물	곤충류		큰그물강도래	*Pteronarcys sachalina* Klapalek
74					푸른아시아실잠자리	*Ischnura senegalensis* Rambur
75					푸른큰수리팔랑나비	*Choaspes benjaminii* Guérin-Méneville
76	동물계	척추동물(25)	어류(4)		금강모치	*Rhynchocypris kumgangensis* Kim
77					버들개	*Rhynchocypris steindachneri* Sauvage
78					빙어	*Hypomesus nipponensis* McAllister
79					산천어(송어)	*Oncorhynchus masou masou* Brevoort
80			양서류(3)		계곡산개구리	*Rana huanrenensis* Fei, Ye and Huang
81					북방산개구리	*Rana dybowskii* Günther
82					청개구리	*Hyla japonica* Günther
83			조류(18)		검은이마직박구리	*Pycnonotus sinensis* Gmelin
84					꾀꼬리	*Oriolus chinensis* Linnaeus
85					동박새	*Zosterops japonicus* Temminck & Schlegel
86					박새	*Parus major* Linnaeus
87					붉은부리찌르레기	*Sturnus sericeus* Gmelin
88					뻐꾸기	*Cuculus canorus* Linnaeus
89					산솔새	*Phylloscopus coronatus* Temminck & Schlegel
90					소쩍새	*Otus sunia* Hodgson
91					쇠물닭	*Gallinula chloropus* Linnaeus
92					쇠백로	*Egretta garzetta* Linnaeus
93					왜가리	*Ardea cinerea* Linnaeus
94					제비	*Hirundo rustica* Linnaeus
95					중대백로	*Ardea alba* Linnaeus
96					중백로	*Egretta intermedia* Wagler
97					청둥오리	*Anas platyrhynchos* Linnaeus
98					큰부리까마귀	*Corvus macrorhynchos* Wagler
99					해오라기	*Nycticorax nycticorax* Linnaeus
100					흰날개해오라기	*Ardeola bacchus* Bonaparte

〈표 2〉「국가 기후변화 생물지표종」 30 후보종 목록(환경부 국립생물자원관, 2017. 12.)

순번	구분(분류군)			종 명	
				국 명	학 명
1	균계	균류(2)	담자균류(2)	노란개암버섯	Hypholoma fasciculare (Huds.) P. Kumm.
2				배젖버섯	Lactarius volemus Fr.
3	원생생물계	해조류(3)	홍조류(2)	비단망사비단망사	Martensia denticulata Harvey
4			갈조류(2)	넓패	Ishige foliacea Okamura in Segawa
5				지충이지충이	Sargassum thunbergii Mertens ex Roth Kuntze
6	식물계	관속식물(13)	쌍자엽식물(13)	개미탑	Haloragis micrantha (Thunb.) R. Br.
7				거지덩굴	Cayratia japonica (Thunb.) Gagnep.
8				검노린재	Symplocos tanakana Nakai
9				꽃받이	Bothriospermum tenellum (Hornem.) Fisch. & C. A. Mey.
10				꾸지뽕나무	Cudrania tricuspidata (Carrière) Bureau ex Lavallée
11				꿩의바람꽃	Anemone raddeana Regel
12				낚시제비꽃	Viola grypoceras A. Gray
13				노랑하늘타리	Trichosanthes kirilowii var. japonica (Miq.) Kitam.
14				왕모시풀	Boehmeria pannosa Nakai & Satake ex Oka
15				이팝나무	Chionanthus retusus Ldl. & Paxton
16				정금나무	Vaccinium oldhamii Miq.
17				참배암차즈기	Salvia chanroenica Nakai
18				층꽃나무	Caryopteris incana (Thunb. ex Houtt.) Miq.
19	동물계	무척추동물	연체동물(1) 복족류(1)	오분자기	Haliotis supertexta Lischke
20			절지동물(7) 거미류(2)	긴호랑거미	Argiope bruennichi Scopoli
21				말꼬마거미	Parasteatoda tepidariorum C. L. Koch
22			곤충류(5)	대륙좀잠자리	Sympetrum striolatum Charpentier
23				두점배좀잠자리	Sympetrum fonscolombii Selys
24				북방아시아실잠자리	Ischnura elegans Vander Linden
25				뾰족부전나비	Curetis acuta Moore
26				소철꼬리부전나비	Chilades pandava Horsfield
27		척추동물	어류(1)	연어연어	Oncorhynchus keta Walbaum Oncorhynchus keta Walbaum
28			파충류(1)	도마뱀	Scincella vandenburghi Schmidt
29			조류(2)	개개비사촌	Cisticola juncidis Rafinesque
30				종다리	Alauda arvensis LinnaeusAlauda arvensis Linnaeus

〈부록 3〉 농촌진흥청 「기후변화 지표생물」

기후변화 지표생물」30종 목록(농촌진흥청 국립농업과학원, 2017. 10.)

순번	구분(분류군)		생활형	종 명	
				국 명	학 명
1	식물	국화과	여러해살이풀 다년생	서양민들레	*Taraxacum officinale* Wever
2			다년생	서양금혼초	*Hypochaeris radicata* L.
3		십자화과	동계(하계) 일년생	큰망초	*Conyza sumatrensis* E.Walker
4				냉이	*Capsella bursa-pastoris* L.W. Medicus
5		현삼과		큰개불알풀	*Veronica persica* Poir.
6		꿀풀과	동계 일년생	광대나물	*Lamium amplexicaule* L.
7		지치과		꽃마리	*Trigonotis peduncularis* Benth. ex Hemsl.
8	수서 무척 추동 물	사과우렁이과	긁어먹는 무리	왕우렁이	*Pomacea canaliculata* Lamarck
9		물방개과		물방개	*Cybister japonicus* Sharp
10				꼬마줄물방개	*Hydaticus grammicus* Germar
11			잡아먹는 무리	애기물방개	*Rhantus pulverosus* Stephens
12		물땡땡이과		애물땡땡이	*Sternolophus rufipes* Fabricius
13				잔물땡땡이	*Hydrochara affinis* Sharp
14		물장군과	찔러먹는 무리	물자라	*Appasus japonicus* Vuillefroy
15	나비 나방 류	흰나비과	연 3~4회	남방노랑나비	*Eurema mandarina* L.
16			연 3~5회	배추흰나비	*Pieris rapae* L.
17			연 2~4회	노랑나비	*Colias erate* Esper
18		호랑나비과	연 2~4회	호랑나비	*Papilio xuthus* L.
19		포충나방과	연 1~3회	이화명나방	*Chilo suppressalis* Walker
20	거미 류	왕거미과	정주성	긴호랑거미	*Argiope bruennichii* Scopoli
21				기생왕거미	*Larinioides cornutus* Clerck
22				각시어리왕거미	*Neoscona adianta* Walckenaer
23	벌류	말벌과	진사회성 포식성	등검은말벌	*Vespa velutina nigrithorax* Buysson
24				털보말벌	*Vespa simillima simillima* Smith
25				장수말벌	*Vespa mandarinia* Smith
26				황말벌	*Vespa simillima xanthoptera* Cameron
27	육상 딱정 벌레 류	딱정벌레과	잡아먹는 무리	폭탄먼지벌레	*Pheropsophus jessoensis* Morawitz
28				남방폭탄먼지벌레	*Pheropsophus javanus* Dejean
29				홍딱지반날개	*Platydracus brevicornis* Motschulsky
30				끝무늬녹색먼지벌레	*Chlaenius micans* Fabricius

〈부록 4〉 지질시대 기후변화 대멸종과 생물의 출현

(단위 : 백만 년 전)

이언	대	기		세	절대 연대	비고
현생 누대 phanerozoic Eon	신생대 Cenozoic Era	제4기		홀로세 Holocene Epoch (冲積世)		인류세(100년 전부터 현재) 6차대멸종 예상 70% 인류의 환경 파괴
					0.01	
				플라이스토세 Pleistocene Epoch (洪積世)		마지막 빙하기(0.018) 현생인류 출현(0.20)
					2.56	
		제 3 기	네오 기	플라이오세 Pliocene Epoch		
					5.0	
				마이오세 Miocene Eepoch		유인원 출현
					23.0	
			팔레 오기	올리고세 Oligocene Epoch		나비화석 발견 Dorittites bosniackii Vanessa karaganica
					37.0	
				에오세 Eocene Epoch		
					54.0	
				팔레오세 Paleocene Epoch		
					65.5	
	중생대 Mesozoic Era	백악기 Cretaceous Period				66백만년전, 5차대멸종76% 운석 충돌, 화산 대폭발
					145.5	
		쥬라기 Jurassic Period				속씨식물 출현– 나비목 출현 추정(150) 판게아(Pangea) 분열(200)
					199.6	
		트라이아스기 Triassic Period				210백만년전, 4차대멸종80% 토지 사막화, 화산 대폭발
					251.0	
	고생대 Paleozoic Era	페름기 Permian Period				252백만년전, 3차대멸종96% 온난화, 운석충돌, 화산폭발 나비목 조상 출현(250)
					299.0	
		석탄기 Carboniferous Period				파충류 출현
					350.0	
		데본기 Devonian Period				370백만년전, 2차대멸종75% 빙하기 도래, 운석 충돌 최초 곤충조상 출현 톡토기류(350)
					416.0	
		실루리아기 Silurian Period				관다발 육상식물 출현 턱 어류, 갑주어 출현
					433.7	
		오르도비스기 Ordovician Period				445백만년전, 1차대멸종86% 빙하기 도래, 화산폭발
					488.3	
		캄브리아기 Cambrian Period				삼엽충 출현
					541.0	
선캄브리아 시대 Precambrian	원생누대 Proterozoic Eon					에디아카라 동물군 출현
					2,500	
	시생누대 Archean Eon					해조류, 단세포 생물 출현 스트로마톨라이트 출현
					4,000	
	명왕 누대 Hadean Eon					지구 암석 미완 시기로 비공인 시대
					4,600	

* 지질시대의 명칭과 연대 구분은 학자에 따라 다소 이견이 있음
* 참조 : 고등학교 지구과학1, 2017, 교육부 검정교과서

이 책을 쓰기 위하여 보았던 도서들

공우석,『왜 기후변화가 문제일까?』, 반니, 2021.
국립생물자원관, 「기후변화 생물지표 100종Ⅱ」 환경부 포스터, 2017.
국립생물자원관, 「미래 생물다양성 지킴이들을 위한 워크북」, 2014.
기후과학국 한반도기상기후팀, 「기후변화 시나리오」, 기상청, 2011.
기후정책과, 「기후변화 이야기」,, 기상청, 2011.
김남길, 『어린이를 위한 기후 보고서』, 풀과바람, 2019.
김명현 외 8인, 『농업생태계 기후변화 지표생물』, 농촌진흥청 국립농업과학원, 2018.
김용식, 『원색한국나비도감』, 교학사, 2002.
김정환 외 1인 『한국산 나비의 역사와 일본 특산종 나비의 기원』, 집현사, 1991.
반기성, 『기후변화와 환경의 역습』, 프리스마, 2018.
빌 게이츠, 『기후재앙을 피하는 법』, 김영사, 2021.
석주명 유저(遺著), 『한국산 접류 분포도』, 보진재, 1973.
손상규, 『한국 나비 시맥 도감』, 자연과생태, 2014.
송국, 『검은물잠자리는 사랑을 그린다』, 푸른 들녘, 2018.
송국, 『기후야 놀자 Ⅰ, Ⅱ, Ⅲ권』, 담양에코센터, 2021.
송국, 『자연환경해설사 양성교육Ⅰ(스토리텔링 기법) · Ⅱ(곤충)』, 환경부, 2021.
생물다양성협약사무국, 『 제4차 지구생물다양성 전망』, 몬트리올-환경부, 2014.
안네 스베르드루프-튀게손, 『세상에 나쁜 곤충은 없다』, 웅진 지식하우스.
윤용택, 『한국인 르네상스인 석주명』, 궁리출판, 2018.
이병철, 『인물평전 석주명』, 동천사, 1985.
이상현, 『한국 나비애벌레 생태도감』, 광문각, 2019.
이승은 외 1인, 『기후변화와 환경의 미래』, 21세기북스, 2019.
이용준 외 5인, 『교육부 검정 고등학교 지구과학Ⅰ』, 교학사, 20120.
정대홍 외 11인, 『교육부 검정 고등학교 통합과학』, 금성출판사, 2020.
정은주, 『색채학』, 한국산업인력공단, 2008.
조천호, 『파란하늘 빨간지구』, 동아시아, 2019.
주흥재 외 3인, 『세계곤충도감』, 교학사, 2007.
최원형, 『환경과 생태 이야기』, 철수와영희, 2019.
최재천, 『다윈 지능』, 사이언스 북스, 2014.
크리스티아나 피게레스 외 1인, 『기후위기 시대 미래를 위한 선택』, 김영사, 2020.
피터 브래넌, 『대멸종 연대기』, 흐름출판, 2019.

사진제공

무늬박이제비나비(김남송), 알 애벌레 번데기(이상현), 소철(송대들보)
물결부전나비(박종민), 산초나무(나영희), 그래프(유선희), 그림(장신희)

2014 한국출판문화산업진흥원 청소년 권장도서 | 2014 대한출판문화협회 청소년 교양도서

001 옷장에서 나온 인문학

이민정 지음 | 240쪽

옷장 속에는 우리가 미처 눈치 채지 못한 인문학과 사회학적
지식이 가득 들어 있다. 옷은 세계 곳곳에서 벌어지는 사건과
사람의 이야기를 담은 이 세상의 축소판이다. 패스트패션, 명
품, 부르카, 모피 등등 다양한 옷을 통해 인문학을 만나자.

2014 한국출판문화산업진흥원 청소년 권장도서 | 2015 세종우수도서

002 집에 들어온 인문학

서윤영 지음 | 248쪽

집은 사회의 흐름을 은밀하게 주도하는 보이지 않는 손이다.
단독주택과 아파트, 원룸과 고시원까지, 겉으로 드러나지 않
는 집의 속사정을 꼼꼼히 들여다보면 어느덧 우리 옆에 와 있
는 인문학의 세계에 성큼 들어서게 될 것이다.

2014 한국출판문화산업진흥원 청소년 권장도서

003 책상을 떠난 철학

이현영 · 장기혁 · 신아연 지음 | 256쪽

철학은 거창한 게 아니다. 책을 통해서만 즐길 수 있는 박제된
사상도 아니다. 언제 어디서나 부딪힐 수 있는 다양한 고민에
질문을 던지고, 이에 대한 답을 스스로 찾아가는 과정이 바로
철학이다. 이 책은 그 여정에 함께할 믿음직한 나침반이다.

004 우리말 밭다리걸기

나윤정 · 김주동 지음 | 240쪽

우리말을 정확하게 사용하는 사람은 얼마나 될까? 이 책은 일상에서 실수하기 쉬운 잘못들을 꼭 집어내어 바른 쓰임과 연결해주고, 까다로운 어법과 맞춤법을 깨알 같은 재미로 분석해주는 대한민국 사람을 위한 교양 필독서다.

005 내 친구 톨스토이

박홍규 지음 | 344쪽

톨스토이는 누구보다 삐딱한 반항아였고, 솔직하고 인간적이며 자유로웠던 사람이다. 자유·자연·자치의 삶을 온몸으로 추구했던 거인이다. 시대의 오류와 통념에 정면으로 맞선 반항아 톨스토이의 진짜 삶과 문학을 만나보자.

006 걸리버를 따라서, 스위프트를 찾아서

박홍규 지음 | 348쪽

인간과 문명 비판의 정수를 느끼고 싶다면《걸리버 여행기》를 벗하라! 그러나《걸리버 여행기》를 제대로 이해하고 싶다면 이 책을 읽어라! 18세기에 쓰인《걸리버 여행기》가 21세기 오늘을 살아가는 우리에게 어떻게 적용되는지 따라가보자.

007 까칠한 정치, 우직한 법을 만나다

승지홍 지음 | 440쪽

"법과 정치에 관련된 여러 내용들이 어떤 식으로 연결망을 이루는지, 일상과 어떻게 관계를 맺고 있는지 알려주는 교양서! 정치 기사와 뉴스가 쉽게 이해되고, 법정 드라마 감상이 만만해지는 인문 교양 지식의 종합선물세트!

008/009 청년을 위한 세계사 강의 1, 2

모지현 지음 | 각 권 450쪽 내외

역사는 인류가 지금까지 움직여온 법칙을 보여주고 흘러갈 방향을 예측하게 해주는 지혜의 보고(寶庫)다. 인류 문명의 시원 서아시아에서 시작하여 분쟁 지역 현대 서아시아로 돌아오는 신개념 한 바퀴 세계사를 읽는다.

010 망치를 든 철학자 니체
vs. 불꽃을 품은 철학자 포이어바흐

강대석 지음 | 184쪽

유물론의 아버지 포이어바흐와 실존주의 선구자 니체가 한판 붙는다면? 박제된 세상을 겨냥한 철학자들의 돌직구와 섹시한 그들의 뇌구조 커밍아웃! 무릉도원의 실제 무대인 중국 장가계에서 펼쳐지는 까칠하고 직설적인 철학 공개토론에 참석해보자!

011 **맨 처음 성^性 인문학**

박홍규 · 최재목 · 김경천 지음 | 328쪽

대학에서 인문학을 가르치는 교수와 현장에서 청소년 성 문제를 다루었던 변호사가 한마음으로 집필한 책. 동서양 사상사와 법률 이야기를 바탕으로 누구나 알지만 아무도 몰랐던 성 이야기를 흥미롭게 풀어낸 독보적인 책이다.

012 **가거라 용감하게, 아들아!**

박홍규 지음 | 384쪽

지식인의 초상 루쉰의 삶과 문학을 깊이 파보는 책. 문학 교과서에 소개된 루쉰, 중국사에 등장하는 루쉰의 모습은 반쪽에 불과하다. 지식인 루쉰의 삶과 작품을 온전히 이해하고 싶다면 이 책을 먼저 읽어라!!

013 **태초에 행동이 있었다**

박홍규 지음 | 400쪽

인생아 내가 간다, 길을 비켜라! 각자의 운명은 스스로 개척하는 것! 근대 소설의 효시, 머뭇거리는 청춘에게 거울이 되어줄 유쾌한 고전, 흔들리는 사회에 명쾌한 방향을 제시해줄 지혜로운 키잡이 세르반테스의 『돈키호테』를 함께 읽는다!

014 세상과 통하는 철학

이현영 · 장기혁 · 신아연 지음 | 256쪽

요즘 우리나라를 '헬 조선'이라 일컫고 청년들을 'N포 세대'라 부르는데, 어떻게 살아야 되는 걸까? 과학 기술이 발달하면 우리는 정말 더 행복한 삶을 살 수 있을까? 가장 실용적인 학문인 철학에 다가서는 즐거운 여정에 참여해보자.

꿈꾸는 도서관 추천도서
015 명언 철학사

강대석 지음 | 400쪽

21세기를 살아갈 청년들이 반드시 읽어야 할 교양 철학사. 철학 고수가 엄선한 사상가 62명의 명언을 통해 서양 철학사의 흐름과 논점, 쟁점을 한눈에 꿰뚫어본다. 철학 및 인문학 초보자들에게 흥미롭고 유용한 인문학 나침반이 될 것이다.

꿈꾸는 도서관 추천도서
016 청와대는 건물 이름이 아니다

정승원 지음 | 272쪽

재미와 쓸모를 동시에 잡은 기호학 입문서. 언어로 대표되는 기호는 직접적인 의미 외에 비유적이고 간접적인 의미를 내포한다. 따라서 기호가 사용되는 현상의 숨은 뜻과 상징성, 진의를 이해하려면 일상적으로 통용되는 기호의 참뜻을 알아야 한다.

017 내가 사랑한 수학자들

박형주 지음 | 208쪽

20세기에 활약했던 다양한 개성을 지닌 수학자들을 통해 '인간의 얼굴을 한 수학'을 그린 책. 그들이 수학을 기반으로 어떻게 과학기술을 발전시켰는지, 인류사의 흐름을 어떻게 긍정적으로 변화시켰는지 보여주는 교양 필독서다.

018 **루소와 볼테르** 인류의 진보적 혁명을 논하다

강대석 지음 | 232쪽

볼테르와 루소의 논쟁을 토대로 "무엇이 인류의 행복을 증진할까?", "인간의 불평등은 어디서 기원하는가?", "참된 신앙이란 무엇인가?", "교육의 본질은 무엇인가?", "역사를 연구하는 데 철학이 꼭 필요한가?" 등의 문제에 대한 답을 찾는다.

019 **제우스는 죽었다** 그리스로마 신화 파격적으로 읽기

박홍규 지음 | 416쪽

그리스 신화에 등장하는 시기와 질투, 폭력과 독재, 파괴와 침략, 지배와 피지배 구조, 이방의 존재들을 괴물로 치부하여 처단하는 행태에 의문을 품고 출발, 종래의 무분별한 수용을 비판하면서 신화에 담긴 3중 차별 구조를 들춰보는 새로운 시도.

020 **존재의 제자리 찾기** 청춘을 위한 현상학 강의

박영규 지음 | 200쪽

현상학은 세상의 존재에 대해 섬세히 들여다보는 학문이다. 어려운 용어로 가득한 것 같지만 실은 어떤 삶의 태도를 갖추고 어떻게 사유해야 할지 알려주는 학문이다. 이 책을 통해 존재에 다가서고 세상을 이해하는 길을 찾아보자.

2018 세종우수도서(교양부문)

021 **코르셋과 고래뼈**

이민정 지음 | 312쪽

한 시대를 특징 짓는 패션 아이템과 그에 얽힌 다양한 이야기를 풀어낸다. 생태와 인간, 사회 시스템의 변화, 신체 특정 부위의 노출, 미의 기준, 여성의 지위에 대한 인식, 인종 혹은 계급의 문제 등을 복식 아이템과 연결하여 흥미롭게 다뤘다.

2018 세종우수도서

022 **불편한 인권**

박홍규 지음 | 456쪽

저자가 성장 과정에서 겪었던 인권탄압 경험을 바탕으로 인류의 인권이 증진되어온 과정을 시대별로 살핀다. 대한민국의 헌법을 세세하게 들여다보며, 우리가 과연 제대로 된 인권을 보장받고 살아가고 있는지 탐구한다.

023 노트의 품격

이재영 지음 | 272쪽

'역사가 기억하는 위대함, 한 인간이 성취하는 비범함'이란
결국 '개인과 사회에 대한 깊은 성찰'에서 비롯된다는 것, 그
리고 그 바탕에는 지속적이며 내밀한 글쓰기 있었음을 보여
주는 책.

024 검은물잠자리는 사랑을 그린다

송국 지음, 장신희 그림 | 280쪽

곤충의 생태를 생태화와 생태시로 소개하고, '곤충의 일생'을
통해 곤충의 생태가 인간의 삶과 어떤 지점에서 비교되는지
탐색한다.

2019 한국출판문화산업진흥원 9월의 추천도서 | 2019 책따세 여름방학 추천도서
025 헌법수업 말랑하고 정의로운 영혼을 위한

신주영 지음 | 324쪽

'대중이 이해하기 쉬운 언어'로 법의 생태를 설명해온 가슴 따
뜻한 20년차 변호사 신주영이 청소년들을 대상으로 헌법을
이야기한다. 우리에게 가장 중요한 권리, 즉 '인간을 인간으로
서 살게 해주는 데, 인간을 인간답게 살게 해주는 데' 반드시
요구되는 인간의 존엄성과 기본권을 명시해놓은 '법 중의 법'
으로서의 헌법을 강조한다.

026 **아동인권** 존중받고 존중하는 영혼을 위한

김희진 지음 | 240쪽

아동과 관련된 사회적 이슈를 아동 중심의 관점으로 접근하고 아동을 위한 방향성을 모색한다. 소년사법, 청소년 참정권 등 뜨거운 화두가 되고 있는 주제에 대해서도 '아동 최상의 이익'이라는 일관된 원칙에 입각하여 논지를 전개한 책.

027 **카뮈와 사르트르** 반항과 자유를 역설하다

강대석 지음 | 224쪽

카뮈와 사르트르는 공산주의자들과 협력하기도 했고 맑스주의를 비판하기도 했다. 그러므로 이들의 공통된 이념과 상반된 이념이 무엇이며 이들의 철학과 맑스주의가 어떤 관계에 있는가를 규명하는 것은 현대 철학을 이해하는 데 매우 중요한 열쇠가 될 것이다.

028 **스코 박사의 과학으로 읽는 역사유물 탐험기**

스코박사(권태균) 지음 | 272쪽

우리 역사 유물 열네 가지에 숨어 있는 과학의 비밀을 풀어낸 융합 교양서. 문화유산을 탄생시킨 과학적 원리에 대해 '왜?'라고 묻고 '어떻게?'를 탐구한 성과를 모은 이 책은 인문학의 창으로 탐구하던 역사를 과학이라는 정밀한 도구로 분석한 신선한 작업이다.

2015 우수출판콘텐츠 지원사업 선정작

029 케미가 기가 막혀

이희나 지음 | 264쪽

실험 결과를 알기 쉽게 풀어 설명하고 왜 그런 현상이 일어나는지, 실생활에서 어떻게 활용할 수 있는지, 친밀한 예를 곁들여 화학 원리의 이해를 돕는다. 학생뿐 아니라 평소 과학에 관심이 많았던 독자들의 교양서로도 충분히 활용할 수 있다.

2021년 세종우수도서

030 조기의 한국사

정명섭 지음 | 308쪽

크기도 맛도 평범했던 조기가 위로는 왕의 사랑을, 아래로는 백성의 애정을 듬뿍 받았던 이유를 밝히고, 바다 위에 장이 설 정도로 수확이 왕성했던 그때 그 시절의 이야기를 중심으로 조기에 얽힌 생태, 역사, 문화를 둘러본다.

꿈꾸는 도서관 추천도서

031 스파이더맨 내게 화학을 알려줘

닥터 스코 지음 | 256쪽

현실 거미줄의 특성과 영화 속 스파이더맨 거미줄의 특성 비교, 현실 거미줄의 특장을 찾아내어 기능을 업그레이드한 특수 섬유 소개, 거미줄이 이슬방울에 녹지 않는 이유, 거미가 다리털을 문질러서 전기를 발생하여 먹이를 잡는 이야기 등 가능한 한 많은 의문을 던지고 그 해답을 찾아간다.

엑스맨 주식회사 (절판, 개정증보판이 새로 출간되었습니다)

과학자 닥터스코, 수의사 김덕근 지음 | 360쪽

엑스맨 히어로의 초능력에 얽힌 과학적인 사실들을 파헤친다.
전자기를 지배하는 매그니토, 타인의 생각을 읽어내는 프로페
서엑스(X), 뛰어난 피부 재생 능력을 자랑하는 울버린, 은신과
변신으로 상대방을 혼란스럽게 만드는 미스틱 등의 히어로의
능력을 살피다 보면 "에이 설마!" 했던 놀라운 무기들이 과학
이론으로 설명 가능하다는 사실에 감탄하게 될 것이다.

슬기로운 게임생활

조형근 지음 | 288쪽

게임에 푹 빠진 청소년, 게임 때문에 자녀와의 관계가 나빠진
부모, 지난 밤 게임의 흔적으로 엎드려 자는 학생을 보며 한
숨 짓는 교사, 이 모두를 위한 디지털 시대의 게임×공부 지침
서. 프로게이머로 활약했던 조형근 선수가 본인의 경험담을
바탕으로 10대 청소년들에게 게임과 학교공부를 동시에 정복
할 수 있는 노하우를 들려준다.

꿈꾸는 도서관 추천도서
슬기로운 뉴스 읽기

강병철 지음 | 304쪽

하나의 기사가 어떤 경로를 거쳐 가짜뉴스로 둔갑하는지, 그
것을 만들고 퍼뜨리는 사람은 누구인지, 선량한 일반 시민들
은 그것들을 어떻게 읽고 이해하며 판독해야 하는지 꼼꼼하
게 짚어준다. 독자들은 범람하는 기사들 속에서 진짜와 가짜
를 구별해낼 수 있는 지혜와 정보, 기사를 읽을 때 중시해야
할 점, 한눈에 가짜임을 알 수 있는 팁 등을 얻을 수 있다.

035 내 친구 존 스튜어트 밀

박홍규 지음 | 264쪽

저자 박홍규 교수는 존 스튜어트 밀의 〈자서전〉을 번역해서
국내에 소개한 장본인이다. 한국인에게 잘 알려진 철학자 존
스튜어트 밀의 자서전을 모두 10개의 장으로 나누어 그의 사
상과 삶을 안내한다. 특히 그가 자신의 고유한 사상을 세워간
근본 철학은 무엇인지, 젊은 시절 어떠한 고뇌를 통해 성장했
는지, 어떤 사람들과 지적으로 교류했는지 등을 소개한다.

036 엑스맨, 내게 물리의 비밀을 알려줘

과학자 닥터 스코 지음 | 236쪽

'엑스맨 주식회사'의 개정증보판. 히어로 다섯 명의 초능력에
얽힌 비밀, 그들의 능력에서 유추해볼 수 있는 과학적인 사
실들을 물리학 편으로 모은 것이다. 현재 중고등학교 과학교
과 과정에서 어떤 부분과 연결되는지를 밝힌 '교과연계' 페이
지를 덧붙여 학교공부에 직접적인 도움이 되도록 새롭게 구성
했다.

037 슬기로운 언어생활

김보미 지음 | 280쪽

푸른들녘의 '슬기로운 교양 시리즈' 세 번째 타이틀. 〈슬기로운
게임생활〉, 〈슬기로운 뉴스 읽기〉에 이어 청소년들의 언어생활
을 꼼꼼하고 상냥하게 짚어본 책이다. 언어가 시간의 흐름에
따라 변하는 이유, 언어의 규칙을 지키지 않을 때 발생하는 일
들, 모국어를 제대로 구사하려면 어떻게 노력해야 하는지, 우
리가 사용하는 말과 문자가 정말 서로 잘 통하는 '언어'로 쓰
이고 있는지 등을 흥미롭고 실용적인 사례와 함께 보여준다.

038 슬기로운 영어공부

루나 티처 지음 | 336쪽

〈슬기로운 영어공부〉는 '영어'에 덧입혀진 여러 오해—수능 때문에 해야 하는 외국어, 1등급을 받아야 하는 교과목, 직장에서 승진하는 데 필요한 과목, 돈을 들인 만큼 효과가 나온다는 공부를 불식하고 어떻게 하면 영어를 즐겁게 공부하고 영어가 열어주는 세계에 신나게 진입할 수 있는지 안내한다. 따라서 영어의 '기술'을 익히는 데 치중하는 대신 다음과 같은 유용한 진짜 지식을 소개하는 데 집중했다.

2020· 05.

푸른들녘 인문·교양 시리즈

인문·교양의 다양한 주제들을 폭넓고 섬세하게 바라보는 〈푸른들녘 인문·교양〉 시리즈. 일상에서 만나는 다양한 주제들을 통해 사람의 이야기를 들여다본다. '앎이 녹아든 삶'을 지향하는 이 시리즈는 주변의 구체적인 사물과 현상에서 출발하여 문화·정치·경제·철학·사회·예술·역사 등 다방면의 영역으로 생각을 확대할 수 있도록 구성되었다. 독특하고 풍미 넘치는 인문·교양의 향연으로 여러분을 초대한다.